气象灾害丛书

交通气象灾害

刘聪 卞光辉 黎健 包左军 主编

气象出版社
China Meteorological Press

内容简介

本书较全面地介绍各种交通气象灾害对公路、铁路、航空、航运、管道交通可能形成的影响及发生规律，阐述当今国内外交通气象灾害监测、预警、评估及应急处置方面的研究及应用的最新成果和发展动态，为交通气象工作者和有关管理部门提供可借鉴的交通气象灾害防御思路、技术与方法，提高人们对交通气象灾害的防御意识和防御能力，推动交通气象进一步发展的作用。

图书在版编目(CIP)数据

交通气象灾害/刘聪等主编. —北京：气象出版社，2009.6
(气象灾害丛书)
ISBN 978-7-5029-4709-5

Ⅰ.交… Ⅱ.刘… Ⅲ.气象灾害—影响—交通运输安全
Ⅳ.X951

中国版本图书馆 CIP 数据核字(2009)第 078373 号

Jiaotong Qixiang Zaihai
交通气象灾害
刘 聪 卞光辉 黎 健 包左军 主编

出版发行：气象出版社
地　　址：北京市海淀区中关村南大街 46 号　　**邮政编码**：100081
总 编 室：010-68407112　　**发 行 部**：010-68409198
网　　址：http://www.cmp.cma.gov.cn　　**E-mail**：qxcbs@263.net
总 策 划：陈云峰　成秀虎
责任编辑：张　斌　　**终　　审**：黄润恒
封面设计：燕彤　　**责任技编**：吴庭芳
印　　刷：北京中新伟业印刷有限公司
开　　本：700 mm×1000 mm　1/16　　**印　　张**：11.5
字　　数：221.3 千字
版　　次：2009 年 6 月第 1 版　　**印　　次**：2009 年 6 月第 1 次印刷
印　　数：1～6000　　**定　　价**：27.00 元

《交通气象灾害》分册编写人员

主　编：刘　聪　卞光辉　黎　健　包左军

撰稿人：刘　聪　卞光辉　周曾奎　严明良　袁成松
吴　震　黎　健　焦圣明　吴建军

序

据世界气象组织统计，全球气象灾害占自然灾害的86%。我国幅员辽阔，东部位于东亚季风区，西部地处内陆，地形地貌多样，加之青藏高原大地形作用，影响我国的天气和气候系统复杂，我国成为世界上受气象灾害影响最为严重的国家之一。我国气象灾害具有灾害种类多，影响范围广，发生频率高，持续时间长，且时空分布不均匀等特点，平均每年造成的经济损失占全部自然灾害损失的70%以上。随着全球气候变暖，一些极端天气气候事件发生的频率越来越高，强度越来越大，对经济社会发展和人民福祉安康的威胁也日益加剧。近十几年来，我国每年受台风、暴雨、冰雹、寒潮、大风、暴风雪、沙尘暴、雷暴、浓雾、干旱、洪涝、高温等气象灾害和森林草原火灾、山体滑坡、泥石流、山洪、病虫害等气象次生和衍生灾害影响的人口达4亿人次，造成的经济损失平均达2000多亿元。2008年，我国南方出现的历史罕见低温雨雪冰冻灾害，以及“5·12”汶川大地震发生后气象衍生灾害给地震灾区造成的严重人员伤亡和财产损失，都说明进一步加强气象防灾减灾工作的极端重要性和紧迫性。

党中央国务院和地方各级党委政府对气象防灾减灾工作高度重视。“强化防灾减灾”和“加强应对气候变化能力建设”首次写入党的十七大报告。胡锦涛总书记在2008年“两院”院士大会上强调，“我们必须把自然灾害预报、防灾减灾工作作为事关经济社会发展全局的一项重大工作进一步抓紧抓好”。在中央政治局第六次集体学习时，胡锦涛总书记再次强调，“要提高应对极端气象灾害综合监测预警能力、抵御能力和减灾能力”。国务院已经分别就加强气象灾害防御、应对气候变化工作做出重大部署。在2008年全国重大气象服务总结表彰大会上，回良玉副总理指出，“强化防灾减灾工作，是党的十七大的战略部署。气象防灾减灾，关系千家万户安康，关系社会和谐稳定，关系经济发展全局。气象工作从来没有像今天这样受到各级党政领导的高度重视，从来没有像今天这样受到社会各界的高度关切，从来没有像今天这样受到广大人民群众的高度关心，从来没有像今天这样受到国际社会的高度关注。这既给气象工作带来很大的机遇，也带来很大的挑战；既面临很大压力，也赋予很大动力，应该说为提高气象工作水平创造了良好条件”。

我们一定要十分珍惜当前气象事业发展的好环境，紧紧抓住气象事业发展的难得机遇，深入贯彻落实科学发展观，牢固树立“公共气象、安全气象、资源气象”的发展理念，始终把防御和减轻气象灾害、切实提高灾害性天气预报预测准确率作为提升气象服务水平的首要任务。面对国家和经济社会发展对加强气象防灾减灾工作的迫切需求，推进防灾减灾工作快速发展，做到“预防为主，防治结合”，很有必要编写一套《气象灾害丛书》，从不同视角吸收科学、社会以及管理各方面的研究成果，就气象灾害的发生、发展、监测、预报和预防措施，普及防灾减灾知识，提高防灾减灾的效益，为我国防灾减灾事业、构建社会主义和谐社会做出贡献。

2003年中国气象局组织编写出版了《全球变化热门话题丛书》，主要立足宣传和普及天气、气候与气候变化所带来的各方面影响以及适应、减缓和应对的措施。这套书的出版引起了很大反响，拥有广大的读者群。《气象灾害丛书》是继《全球变化热门话题丛书》之后，中国气象局组织了有关部委、中科院和高校的气象业务科研人员及相关行业领域的灾害研究专家，编写的又一套全面阐述当今国内外气象灾害监测、预警与防御方面最新技术成果、最新发展动态的科学普及读物。《气象灾害丛书》分21分册，在内容上开放地吸收了不同部门、不同地区和不同行业在气象灾害和防御方面的研究成果，体现了丛书的系统性、多学科交叉性和新颖性。这对于进一步提高社会公众对气象灾害的科学认识，进一步强化减灾防灾意识，指导各级部门和人民群众提高防灾减灾能力、有效地为各行业从业人员和防灾减灾决策者提供参考和建议都具有重要意义。同时，根据我国和全球安全减灾应急体系建设这一大学科的要求，“安全减灾应急体系”共有100多部应写作的书籍，《气象灾害丛书》的出版为逐步完善这一科学体系做出了贡献。

在本套丛书即将出版之际，谨向来自气象、农业、生态、水文、地质、城乡建设、交通、空间物理等多方面的作者、专家以及工作人员表示诚挚的感谢！感谢他们参与科学普及工作的高度热忱以及辛勤工作。

郑国光

编著者的话

通过两年的努力，《气象灾害丛书》终于编写完毕。丛书由21册组成，每一册主要介绍一个重要的灾种，整个丛书基本上将绝大部分气象以及相关的衍生灾害都作了介绍，因而是一套关于气象灾害的系统性丛书。参加此丛书编写的专家有200位左右，他们来自中国气象局、中国科学院、林业部和有关高等院校等部门。他们在所编写的领域中不但具有丰硕的研究成果，而且也具有丰富的实践经验，因而，丛书无论是从内容的选材，还是从描述和写作方式等方面都能保证其准确性和适用性。编写组在编写过程中先后召开了六次编写工作会议，各分册主编和撰稿人以高度负责的态度和使命感热烈研讨，认真听取意见和修改，使各册编写水平不断提高，从而保证了丛书的质量。另外，值得提及的是，丛书交稿之前，又请了46位国内著名的院士、专家和学者进行了评审。专家们一致认为，《气象灾害丛书》是一套十分有用、有益和十分必要的防灾减灾丛书。它的出版有助于政府、社会各部门和人民群众对气象灾害有一个全面、深入的了解与认识，必将大大提高全民的防灾减灾意识。丛书的内容丰富、全面、系统、新颖，基本上反映了国内外气象灾害的监测、预警和防御方面的最新研究成果和发展动态，可以作为各有关部门指导防灾减灾工作的科学依据。

在丛书包括的21个灾种中，除干旱、暴雨洪涝、台风、寒潮、低温冷害、冰雪等过去常见的气象灾害外，丛书还包括了近一二十年新出现的或日益受到重视的新灾种，如霾、生态气象灾害、城市气象灾害、交通气象灾害、大气成分灾害、山地灾害、空间气象灾害等。这些灾害对于我国迅速发展的国民经济已越来越显示出它的重大影响。把这些灾害包括在丛书中不但是必要的，而且也是迫切的。另外，通过编写这些书，对这些灾种作系统性总结，对今后的研究进展也有推动作用。

为了让读者对每一种灾害都获得系统而正确的科学知识以及了解目前最

新的防灾减灾技术、能力和水平，编写组要求每一册书都要做到：（1）对灾害的观测事实要做全面、正确和实事求是的介绍，主要依据近50年的观测结果。在此基础上概括出该灾种的主要特征和演变过程；（2）对灾害的成因，要根据大多数研究成果做科学的说明和解释，在表达上要深入浅出，文字浅显易懂，避免太过专业化的用语和用词；（3）对于灾害影响的评估要客观，尽可能有代表性与定量化；（4）灾害的监测和预警部分在内容上要反映目前的水平和能力，以及新的成就。同时要加强实用性，使防灾减灾部门和人员读后真正有所受益和启发；（5）对每一灾种，都编写出近50年（有些近百年）国内重大灾害事件的年表，简略描述出所选重大灾害事件发生的时间、地点、影响程度和可能原因。这个重大灾害年表对实际工作会有重要参考价值。

在丛书编写过程中，所有编写者亲历了1月发生在我国南方罕见的低温雨雪冰冻灾害和“5·12”汶川大地震。在全国可歌可泣的抗灾救灾精神的感召下，全体编写人员激发了更高的热情，从防大灾、防巨灾的观念重新审视了原来的编写内容，充分认识到防灾减灾任务的重要性、迫切性和复杂性。并谨以此丛书作为对我国防灾减灾事业的微薄贡献。

丛书编写办公室与编写组专家密切配合，从多方面保证了编写组工作的顺利完成，在此也表示衷心感谢。另外，由于这是一套科普丛书，受篇幅所限，各册文中所引文献未全部列入主要参考文献表中，敬请相关作者谅解。

编写组长　丁一汇

2008年10月21日于北京

前 言

随着经济社会的快速发展和交通需求的不断增加，现代交通日新月异，交通基础设施总量迅速扩大，公路、铁路、航空、航运、管道运输里程不断延伸，交通运输能力和效率不断提高，有效地促进了社会经济的发展，人类的出行和货物运输变得更加快捷、高效。与此同时，各类不利天气对交通的影响日趋明显，强降水引发山体滑坡、道路塌陷、路基冲毁，致使交通中断；强风和风切变导致车辆吹翻、船只沉没、飞机失事；浓雾、沙尘暴造成视程障碍，引发高速公路车辆连环相撞；低温、降雪、冰冻致使交通受阻，诱发交通事故；雷电则可能造成交通控制系统的损坏……类似的交通事故屡见报端，恶劣气象条件成为引发交通事故的重要因素之一，对人民生命财产构成严重威胁。现代交通运输体系所追求的便捷、通畅、高效、安全很大程度上受气象因素的影响和制约。我国幅员辽阔，天气气候复杂，每年都会因各种天气气候灾害造成大量的交通事故。

交通气象灾害同大多数自然灾害一样，人类对其控制力是很微弱的，但在交通气象灾害面前，人们并非束手无策。面对气象环境对交通的影响、威胁和危险与日俱增的现状，许多国家交通、气象、建设等部门联合协作，加强了交通气象服务保障工作。1992 年成立的国际道路天气常设委员会致力于降低和减少气象条件对交通的不良影响；美国交通部进行“高级运输气象信息系统”研究，联邦公路管理局开展“道路气象管理系统”研究；意大利交通部推出“抗雾智能公路”计划；德国建立了公路气象信息系统……我国对于交通气象安全的研究起步较晚，但发展十分迅速，交通部、中国气象局均将交通气象灾害防御作为科技规划的重要内容，20 世纪 90 年代后期至今，相关成果不断涌现并投入实际应用。如北京市公路局开展了“高速公路雾警自动限速标志系统”的研究；江苏省气象局与江苏沪宁高速公路股份有限公司联合完成了“沪宁高速公路（江苏段）秋冬季浓雾灾害研究”等多项成果，全面建成沪宁高速公路（江苏段）气象保障与决策管理系统并投入业务应用；与江苏苏通长江大桥建设指挥部联合研究建立了“苏通大桥施工期气象环境监测与预警系统”，在施工气象保障中发挥了重要作用；交通部公路科研所等对京珠北高速公路红云雾区安全保障技术方面的研究，取得多项成果；近年来中国气象局与交通部联合发布公路交通气象信息，等等。这些研究和应用成果一方面为重大交通工程的规划选址、建设以及合理避灾、减灾提供气象决策信息，减少了气象灾害对工程的影响，促进交通可持续发展，促进交通与自然的和谐统一；另一方面，为交通设施营运、交通系统科学决策管理，乃至为人们的出行提供大量的气象信息。这些气象信息的有效使用，为提高交通系统用户减轻或避免不利天气带来的负面影响及充分利用有利天气条件的能力创造条件，以期实现使交通气象灾害所造成的损失降至最小的目标。

鉴于国内目前尚没有一本较全面介绍交通气象灾害及其防御知识的读物，编者在总结近十年在该领域的工作实践并汲取国内外最新研究和应用成果的基础上编写了本书。目的是向人们较全面地介绍各种交通气象灾害对公路、铁路、航空、航运、管道运输可能形成的影响及发生规律，阐述当今国内外交通气象灾害监测、预警、评估及应急处置方面的研究及应用的最新成果和发展动态，为交通气象工作者和有关管理部门提供可借鉴的交通气象灾害防御思路、技术与方法，以期提高人们对交通气象灾害的防御意识和防御能力，推动交通气象进一步发展。本书可作为交通运输技术及管理人员、气象服务人员的参考用书，也可供具有中等以上文化程度的其他读者阅读。

江苏省气象局刘聪、卞光辉全面负责组织、协调本分册编写，并编制了编写大纲；由南京交通气象研究所承担主要编写任务。

参加本分册编写的有刘聪（第一、二、三、六、七章）、卞光辉（第一、四、七章）、周曾奎（第二、五、六章）、黎健（第二章）、袁成松（第四章）、严明良（第三章）、吴震（第一、二章）、焦圣明（第四章）。全书由刘聪、周曾奎统稿；吴建军承担了本书图例、灾例的收集及文字录入等工作。另外，包左军、杨涛提供了“公路交通气象素材”等详情资料并对编写提出了建议。丁一汇院士对本分册编写给予了许多指导，王遵娅等其他同志提供了积极支持，提出许多宝贵意见。同时，编写过程中参考或使用了参考文献中的数据资料，有一些文献因限于篇幅未能一一列出。借此，我们对来自各方面的支持和帮助表示真诚的谢意！

本分册编写在国内外属首次尝试，由于编者水平有限，所反映的最新成果和发展动态也是挂一漏万，错误和不妥在所难免，热忱欢迎专家和广大读者批评指正。

目录

第1章 概论

自古以来，人们出行就必然要与天气打交道，18世纪瓦特发明蒸汽机后的200多年里，人类交通条件的变化日新月异，现代交通更加快速、便捷、舒适，但交通始终不能回避天气问题。当今世界，公路、航空、铁道、海运、河运、管道、城市交通等迅猛发展，特别是以高速公路为主的交通骨干网络正在形成，对现代交通构成灾害威胁或造成灾害的恶劣气象条件一旦出现，由于车辆速度快、容载量大，往往会造成严重的后果，甚至危及人民生命安全。现代交通的发展对交通安全保障提出了更新、更高的要求，影响交通运输的各种自然灾害越来越受到人们的重视，其中气象灾害（如低能见度浓雾、强降水、大风、高温、积雪、低温冰冻、雷暴等）对交通运输业的影响很大，更是受到各级政府、企业及广大人民群众的广泛关注。交通的安全和畅通与我们每个人都息息相关，因此，了解与认识交通气象灾害的特点、规律、可能造成的危害以及为提高交通安全畅通保障水平而开展的交通气象工作，对于提高人们灾变安全意识，增强交通气象灾害应变防范能力都是必要和有益的。

影响交通安全运营的各种因素中，天气气候条件是重要的因素，它影响着交通运输的各个环节，主要体现在以下几个方面：

(1) 交通运输是经济生产和社会生活的命脉，恶劣的天气条件常导致高速公路封闭、火车误点甚至中断、飞机船舶航班取消或延后，给居民出行带来不便，扰乱了客运、货运秩序，直接影响了经济发展和人民生活。

(2) 不利的天气气候条件会影响交通基础设施的建设和使用寿命。暴雨洪水是造成公路、铁路路基坍塌的主要因素，公路的路面损坏除了人为的超载因素外，天气气候因素带来的侵蚀甚至毁灭性的损坏也是不可低估的，如高温使路面软化，积水浸泡、冰冻膨胀等都会影响路面的完好程度及使用寿命，降低安全畅通的水平，增加维护费用。

(3) 恶劣的天气气候条件带来了大量的交通事故，给人民生命财产造成很大的损失。据英国统计，所有公路致伤亡的事故中，由刹车引起的约占20%，主要由于路面潮湿造成，其中一半事故发生在降雨时期。另据美国、澳大利亚等国统计，雨天公路事故增加约30%，起因于能见度低、刹车失灵（滑行），若同时有强风，事故率更高，损失更大。我国河北省有关部门统计得出，该省1994—1997年发生的交通事故中，天气影响造成的占43.8%；雪天公路交通事故增加25%，伤亡率增加近一倍。在恶劣天气造成的重大交通事故和交通工具、设施的毁害方面，可以讲触目惊心。如：1995年1月7—17日，连续10天的暴风雪使西藏自治区聂拉木县境内的平均积雪深度达到2.5 m，致使横穿聂拉木的中尼公路交通中断，70多辆汽车和200多位旅客被阻途中；1996年11月24日，沪宁高速公路因浓雾造成44辆车相撞，10余人死亡，交通堵塞了5小时；2004年12月2日印尼一架飞机起飞后遭遇大雨和雷电等恶劣天气，在梭罗机场降落时滑出跑道，冲入附近的公墓，飞机断成两截，死伤106人；2007年7月7日，一场降水量达104.5 mm的暴雨突袭沈阳铁路局长图线蛟河市白山石镇，导致20多处铁轨路基被冲毁，铁轨悬空近2 m，致使火车滞留近10小时……重大的交通事故除造成人员伤亡及经济损失外，同时会造成连锁的间接损失和后延的伤害，国外统计资料表明，交通事故造成的间接损失为直接损失的50倍，还导致一些家庭破碎并对幸存者造成心理伤害。

安全和畅通（高效）是现代化交通管理和决策中的两个最重要的目标，因此，凡危及交通安全和畅通的气象条件均属交通气象的研究范畴和工作对象。宽泛一点来看，交通气象也包含交通工程建设和交通基础设施维护中的气象条件。交通工程设计时若对当地气候条件考虑不周，或施工过程中受不利气象条件影响而使工程质量下降，必然会给以后的安全畅通留下隐患。交通基础设施的完好程度及维护保养也与气象条件相关。

1.1 交通气象灾害的特点

由于交通工具和交通设施的变化发展，现代交通对气象条件有它特殊的要求，气象条件对交通的影响也变得十分复杂。交通气象与常规气象有相同相近的方面，又有诸多不同的地方。

因不利（恶劣）气象条件直接或间接引起的交通灾变事故（人员严重伤残甚至死亡、交通设施损毁、交通系统瘫痪等）称为“交通气象灾害”。交通气象灾害有其自身的特点。

1.1.1 致灾因素多，强度上也有别于一般气象灾害

以雾为例，在文人笔下雾中观景若隐若现、似影似幻；喜茶者均知云雾茶是上品，云雾茶因其直射光少、空气湿润而质优；农夫懂得用“十雾九晴”、“春雾雨、夏雾热、秋雾凉风、冬雾雪”等谚语预测天气。总体而言，在过去，雾的有无和雾造成的水平能见度的下降与人们生产和生活的关系并不密切。但在现代交通条件下，雾却成为重要的气象灾害之一，因雾而延误飞机起降、船舶停航或相撞，在高速公路上因突发性浓雾的降临造成多车追尾相撞的事故屡有发生，甚至形成数十辆车连环相撞的重大交通事故。同时，常规气象能见度的概念和测定方法与交通运营所关注的交通沿线可视距离之间存在很大的差别。气象上的能见度是指天空背景下，能清晰看到和辨别出适当大小的黑色目标物的最大水平距离，称之为“水平能见度”。对司乘人员而言，“能见”的标准是能辨别目标物的轮廓和形态以及路面上不同颜色、不同物体、车辆、行人、路障、指示标志等。显然，这一“能见”的距离与以往的“能见”概念相差甚远。实际上，在气象观测上的通常能见度距离约为司机行车时可视距离的3～5倍。

目前常规的日常天气监测和预报，对全社会的所有人群具有普适性，对灾害性天气的界定和标准虽有严格的定义，然而对于高速发展的现代交通而言就未必适用了，一些常见的并不致灾甚至有益的气象条件，在现代交通背景下却可能成为致灾的因素。例如降雨，雨水浇灌了农田，净化了空气、土壤和河道水体，常用普降喜雨来描述雨水给大地、给人间带来的润泽，只是在雨量达暴雨（日降雨量≥50 mm）、大暴雨（日降水量≥100 mm）等强降水时方被称为灾害性天气。然而在高速公路上，降雨就能使路面湿滑，直接对交通安全造成影响，降雨还具有阵性和局地性，只要短时雨强较大，瞬间可使能见度剧降，成为致灾因子。

1.1.2 多种致灾因子常相伴发生

危害交通运营和工程建设的气象因子是比较多的，天气条件对交通的影响也是多方面的。天气条件的变化对车辆本身、路面状况、司机判断和反应能力等均会造成不同程度的影响，有时不利气象致灾因子往往相伴发生，加剧了危害。例如夏季雷雨，风雨雷电相伴发生，甚至与冰雹、龙卷风为伍；台风来临之际，若处在朔望日前后恰逢大潮，除狂风暴雨外还会伴生风暴潮，危害更大；北方春季大风常引发沙尘暴；又如冬季降雪，被碾压后会造成路面结冰，受深积雪阻滞，途中人员会受冻挨饿，道路开通后还可能遇到因低

温水箱被冻而无法启动的难题。有时，有利天气与危害性天气交替，也会加重危害。如哈罗德（Harold）等研究表明，当降水天气发生在一段干燥天气之后时，降水引发的交通事故的危险会更大；南京交通气象研究所的研究表明，局地型浓雾（团雾）造成的交通事故往往比大范围的浓雾要严重得多，这与一直处在不利气象条件下司机驾驶变得更为谨慎有关。

对多种致灾因子相伴发生可能造成的严重危害，不仅交通和气象部门要有警觉，正在行进中的驾乘人员也要有足够的认识，要有防范意识，政府部门更要拟定应急方案，采取必要的解救措施。

1.1.3 气象灾害的发生具有突发性和随机性

自然界许多重大的灾害是和其突发性相关联的。例如地震、火山爆发、雪崩、海啸、龙卷风、浓雾、决堤、垮坝等重大灾变事件的发生都是突然的，人们猝不及防。在自然灾害出现之前有一个孕育的过程，即能量、物质和信息的积累过程，孕育积累过程属渐变过程，一般不受人们的关注和重视，甚至不为人所察觉，当积累过程基本完成处于临界状态时，只要有一个微小的触发机制，就能引起能量突然释放、状态突然改变（如近地层空气中的饱和水汽突然凝结成水滴——雾粒，形成浓雾）。因为是突然发生的，人们缺少甚至没有思想、物质和技术上的准备，突发性灾害一旦发生，使相当一部分人产生恐惧心理、怨天尤人的埋怨情绪和慌乱无措的行为，降低了人们的应对能力和应对有效性，造成严重的后果。

交通气象灾害往往也具有突发性和随机性，这种突发性和随机性常使人们措手不及，如南京交通气象研究所通过监测发现浓雾形成时往往导致能见度突然下降数百米，又如连续降水引发路基沉降、路边山体滑坡等等，都具突发性和随机性，这一特性造成的危害防不胜防。

随着现代科技的迅速发展，对自然灾害的认识、监测、预警能力也有了长足的进步，对突变事件孕育过程进行密切的监测，对可能产生的突变提前预警，并及时告知驾乘人员，提醒他们提前做好防御准备，可以有效地减轻其造成的危害。

1.1.4 重大气象灾害和交通事故会形成次生灾害

危及交通安全和畅通的灾害性天气，除了可形成直接危害外，对其引发的次生和衍生灾害也不可低估。例如强降水使能见度下降、路面摩擦系数减小影响制动效果，路面积水可使行驶的车辆出现轮胎打滑和刹车失阻等都属强降水的直接危害。若强降水持续时间长、范围大，还会引发山洪暴发形成泥石流，路基浸泡时间长出现垮塌，甚至造成破圩决堤、水库垮坝等重大灾害事件，则是次生或衍生灾害。例如，1995年6月14日，成都铁路局成昆线蒲坝至永郎间暴发泥石流，约6000 m^3 泥石埋没线路，中断行车21小时；1995年6月26日，长江芜裕轮渡因降暴雨停运，后因长江持续出现超出轮渡允许最高通航水位而被迫中断航运585小时，断航时间比华东地区特大水灾的1991年断航334小时还多251小时。

这些次生或衍生灾害对交通安全和畅通的危害，有如“城门失火，殃及池鱼”，值得关注。此外，由于交通气象灾害造成的交通事故有可能引起爆炸、起火、危险品及污染物泄漏而造成的次生灾害也应引起警惕。

1.1.5 明显的地域与季节差异

我国幅员辽阔，东西经度跨越62°，南北纬度相差50°，气候带从南热带、亚热带到北温带，还有高原气候区，距海远近及海拔高度的差异也很大。加之我国地形复杂，具有“十里不同天”的特点，全国各地都有自己各具特色的天气气候。以上特点对交通气象而言，交通气象灾害地域上复杂多变，各地在不同季节也有着不同的关注点。图1.1是全国主要气象灾害分布图。

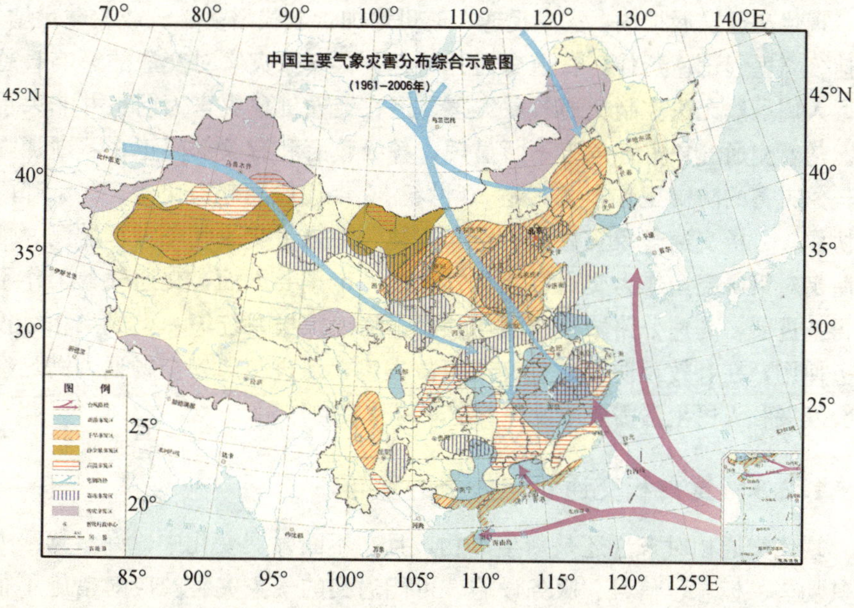

图1.1 中国主要气象灾害分布综合示意图

（摘自《中国灾害性天气气候图集》，由国家气候中心提供）

从图1.1可见：我国南方和沿海地区如华南大部、江南大部及湖北东部、四川盆地西部、云南西部以及华东沿海到辽宁东部等地区，在夏季和台风侵袭季节是暴雨、短时强降水的高发区。常造成江河洪水泛滥，不但淹没农田、城乡，而且损毁交通设施，冲毁交通干线，造成不可抗拒的交通事故。北方如西北地区的新疆北部、内蒙古中北部和东北地区的吉林中南部、辽宁北部、黑龙江中北部，在冬半年是我国寒潮侵袭频次最多的地区。由于寒潮频发，所带来的强风、积雪、低温冻害等灾害性天气对交通安全运输造成严重影响，甚至造成车毁人亡的交通事故。

秋、春季在我国黄淮、江淮、江南及河北、四川、云南、贵州、福建、广东等地区多雾，其中福建西北部、浙江西北部、贵州西北部、云南南部等地更是浓雾多发区。雾害是造成高速公路交通事故的“杀手”。鉴于交通运营自身流动性大的特点，加之我国地域辽阔，出行时往往此一程风平浪静，下一程就遇上灾害性天气。所以提高灾变意识，掌握各地各季的气候特点和天气变化规律，注意收听收看当地天气预报，对确保交通安全是不可缺少的一个方面。

1.2 交通气象灾害的防御

现代交通发展很快，火车提速、航班增加、航线增多、机载船载量增大，高速公路里程迅速延伸，管道交通开始起步，气象灾害对交通的影响日趋显著。人们虽然无法控制交通气象灾害，但在交通气象灾害面前也并非束手无策。随着交通气象灾害危害不断显现，各级政府和有关部门正在不断加强交通气象灾害的防御工作，尤其是20世纪90年代后期起，交通、气象部门联合协作，分析交通气象灾害的特点、规律，加强了交通气象灾害监测、预警及防御对策研究，作为交通智能化管理的一个重要方面，交通气象工作不断取得新进展，高速公路浓雾监测与预警、临近预报系统等一批成果相继投入业务使用，在有效预防和减少交通事故发生，促进交通安全畅通，满足经济社会发展和人民生活需要中发挥着越来越重要的作用。

1.2.1 驾乘和交通管理人员的参与

现代交通相对来说还是新生事物，且在不断发展变化中，许多驾乘人员对其功能、标志、信号、服务设施、可能遇到的气象灾害及应对措施不很熟悉。因此，加强对驾乘人员的宣传教育，普及有关交通法规和交通气象灾害及其防御知识，增强驾乘人员交通安全意识显得尤为重要。交通气象灾害的防御离开广大驾乘人员的积极参与，防御工作将大打折扣。

现代交通的气象保障及相应的交通管理是一个新课题，也是一种高科技、高难度的工作，提高交通管理的智能化水平是21世纪发展的趋势，过去的常规气象和交通管理经验、措施和方法已不能适应现代交通气象保障的要求，必须加强对交通管理人员的培训，加紧培养一批适应现代交通发展的交通气象和交通管理队伍，提高他们在各种复杂气象条件下对交通管理的能力。

1.2.2 交通气象灾害的监测和预报

对交通气象灾害实施防御的前提是驾乘及交通管理人员及时知晓交通沿线、沿途当前和未来可能发生的灾害性天气状况，而这又依赖于交通气象灾害的实时监测和预报预警。

监测是预报的基础，离开监测和监测资料的积累，实施有效的预报则是难以实现的。国内外气象部门为了实现常规天气预报，按照世界气象组织的规定，在全球以一定空间的间距布设了大量的气象观测站，并以一定时间间隔，采用包括气象卫星、天气雷达等多种观测手段开展气象观测。这些观测数据通过通信网络实现汇总和分发，为气象人员了解大范围的天气形势、云天状况、天气现象、气象要素等的分布及其未来的变化趋势提供了重要的基础信息。

但这种观测存在观测站点稀疏（如江苏省只有13个）、时间间隔长（3小时一次）的缺点，难以满足地方气象服务的需求，为此，全国气象部门在各市、县建设了气象观测站，并在最近几年加快了气象现代化业务建设，以更小的间距（一般在15～20 km）建设了大量自动气象观测站（如江苏全省布设自动气象站近千个），引进了先进的多普勒天气雷达，结合卫星遥感，初步实现天基、地基、空基的立体观测，并加快了气象信息通信网络和信息共享平台的升级改造，这些都大大丰富了预报制作所需的气象观测信息量，缩短了获取观测信息的时间，为气象预报人员及时了解天气系统及其演变提供了更加有效的手段。

尽管这样，以制作常规预报为目的的气象观测及通信网络仍然无法满足交通气象保障的高要求。影响交通运营的恶劣天气既有大尺度的天气系统又有较小尺度的天气系统，它的生消和分布既受大范围天气的影响，也受局地气象要素的制约。所以常规气象观测为交通气象保障提供了基础的背景资料，但交通气象灾害具有地域差异和随机突发性，特别是低能见度浓雾的局地性和突发性更为显著，因此针对交通气象灾害的特点，在重要区域、场所或沿线增设满足特殊需求的监测设备就显得非常必要。如在高速公路和江河沿线按一定间距布设自动监测站，采集有关常规的、非常规的气象信息，与交通管理部门建立交通沿线的视频监控信息及气象信息共享等决策支援平台，实时监测交通沿线的天气状况，这对于提高监测多种灾害性天气和预报预警水平是有益的、必要的。

有了不同范围、不同方法、不同视角的具有针对性的交通沿线气象监测信息的支撑，在经历一定的资料和经验积累后，运用气象科学及相关的理论、技术和方法来分析研究与认识交通气象灾害的机理，及时获取灾害天气孕育过程、形成机制和前期征兆，对交通气象灾害作出及时、正确的预警预报是能够做到的。交通指挥部门得到这些信息后，采取相应的管理决策措施，将卓有成效地减少和避免交通事故的发生。我国正式提出并开展交通气象工作虽然只有几年的时间，实践业已证明交通气象灾害是可监测、可预报的。例如在沪宁高速公路江苏段进行的以低能见度浓雾的监测预报为重点的试验、研究和服务，已取得明显的成效，由初创阶段的无锡段推广到江苏全线。公路沿线的气象灾害监测和预警信息的有效使用，大大减少了因不利气象因素引发的交通事故，也减少了无谓封路的时间，提高了运营效率，其社会效益和经济效益明显。

1.2.3 促进交通、气象学科的融合

交通气象是适应和满足现代交通对气象保障特殊需求应运而生的新兴专业化服务领域，它涉及交通、气象、建筑、材料、仪器、通信、管理等多个学科。交通气象灾害的有效防御，要依赖于相关学科的相互交融及新理论、新技术和新方法的有效运用，不仅需要对交通气象灾害自身特点、发生、分布规律的再认识，而且应进一步研究交通气象灾害与交通工程相互影响、相互作用的机理，通过交通设施材料的改进，根据当地天气气候特点优化工程规划、设计方案，使之能够在其使用期内有效地抗御各种气象灾害，确保重要交通设施的安全。同时还需要研究交通工具与气象环境的相互作用，合理改良交通工具性能，提高其在不良气象条件下的操控稳定性。此外，尚需要研究和建立各类交通气象灾害的防御应对措施，完善交通预警和管制标准及法律法规制度，加强气象灾害的监测、预警和信息传播，不断通过科技创新，采用先进的技术和设备，努力提高交通气象灾害的监测预警能力，从而使交通气象灾害的监测预警和预报信息真正成为交通管理决策的重要依据，有效地避免或减少交通安全事故的发生，有效地利用交通资源、提高运行效率。显然，交通气象灾害的有效防御，需要多学科、多领域的相互交融、相互促进。

近年来，交通、气象、建筑等领域加强了融合和协作，有效提高了交通气象灾害的防御能力和水平。如现代大型桥梁的规划、建设过程中，开展建

设工程气候可行性论证，通过桥位气象环境的观测研究，合理确定极端气象参数，为大桥抗风功能等设计提供了依据，避免了取值过大造成巨额浪费以及取值过低给工程使用期的安全留下隐患。苏通长江公路大桥在施工期由气象、交通部门合作，研究建立大桥施工期气象环境监测预警系统和气象灾害应急预案，有效地避免了气象灾害可能造成的损失，提高了施工质量和效率。又如，江苏、吉林、广东等省气象部门与交通部门合作，研究高速公路低能见度、路面打滑指标与交通管制标准。江苏省在前期大量研究的基础上，在沪宁高速公路江苏段全线建立26个交通气象观测站和高速公路气象保障与决策管理系统，投入使用后取得了明显成效，为全国高速公路气象保障提供了示范。新疆气象部门与铁路部门协作，建立乌鲁木齐铁路大风监测预警服务系统，在火车运营防御大风灾害影响中发挥了重要作用。

我国经济社会正处在健康、稳定、持续发展阶段，在科学发展观指引下，建设以人为本的社会主义和谐社会。现代交通中提高安全与畅通保障能力是社会的需求，这种需求正有力地推动交通气象的发展，相信通过不同学科的交叉融合，交通气象在未来一定会不断取得新的进展，在气象灾害的防御中发挥更大的作用。

第2章 气象灾害对交通的影响

大自然的本质属性无所谓利弊优劣，天气气候条件也是如此，只是针对具体的人和事时才有利弊优劣之分。农民在麦收时节希望有连续的晴天，及至夏收结束转而祈盼下一场透雨泡田栽秧。从全球角度来看，台风对地球上热量和水汽的输送功不可没；从全国看，台风给我国东部及中部地区夏季带来大量的农田用水，缓解了伏旱也缓解了暑热，不仅使人感到舒适，用电量也下降了许多；但对台风经过的地方，无疑是一次灾害性天气过程。青藏高原阻隔了南亚地区水汽向我国的输送，形成了青藏高原气候，然而青藏高原东南侧的暖湿气流通道和它北侧的西北气流在我国中部交绥，给这些地方带来丰沛的降水，因而在我国没有形成副热带沙漠区（世界上许多副热带地区都存在），却成了物产丰富的鱼米之乡。

天气气候对航空、水上、陆上交通都有很大影响，“出门看天，择日而行”是人们趋利避害的常识。在现代交通条件下，避开恶劣天气出行仍然是减少乃至避免不测事件发生的最根本、最有效的途径。交通设施的建设也要考虑趋利避害，例如机场场址应该设在能见度较好、风速较小、低云较少的地方。然而人们是否出行与何时出行，天气条件不是唯一的因素，有的因事情急迫，有的因对途经地区的天气变化不能预知，遇上不利天气条件是经常发生的。因此，了解气象灾害对交通的影响，及时规避不利气象条件或采取必要的防御措施，有助于减少或减轻不利气象因素带来的影响。本章从避害角度阐述不利气象条件对城际交通和城市交通的影响与危害。

2.1 气象灾害对城际交通的影响

2.1.1 降雨对交通的影响

降雨天气是影响交通最频繁的气象因素，我国秦岭淮河以南年雨量多在

1000 mm 以上，年雨日>100 天，年雨时>1000 小时。其中东南沿海和西南部分地区年雨量>1500 mm，年雨日>150 天，年雨时在 1500 小时以上，频繁的降雨给交通、尤其是公路交通造成影响与危害，成为主要的致灾因子之一。

贺芳芳、吴建平等（2004）为量化降雨对交通安全的影响，引用交通事故指数（K）作统计分析，结果表明：上海市样本全年日均 K 值为 4.41，各季 K 值在 4.34～4.49 之间；而全年雨天日均 K 值为 4.83，比晴、阴天高 0.69，各季雨天 K 值比晴、阴天高 0.47～1.16；全年初雨日 K 值为 5.25，又比雨天高 0.42，比晴、阴天高 1.11。K 值的变化明显反映出降水与交通事故间的密切关联。从日雨量与相应的日均交通事故指数的关系图（图 2.1）可以看出，两者关系曲线呈抛物线状，数值关系近似为二次函数，相关系数 $R=0.868$，呈显著相关，说明两者之间的非线性回归效果极显著。浙江丽水气象局的研究也得到了相近的结论，在雨量达到一定量级（上海：中雨，丽水：大雨）前，交通事故随着雨量的增大而增多；达到峰值后随着雨量的增大，交通事故次数、交通事故指数反而有所下降，这与车流量减少及司机主观警惕有关。

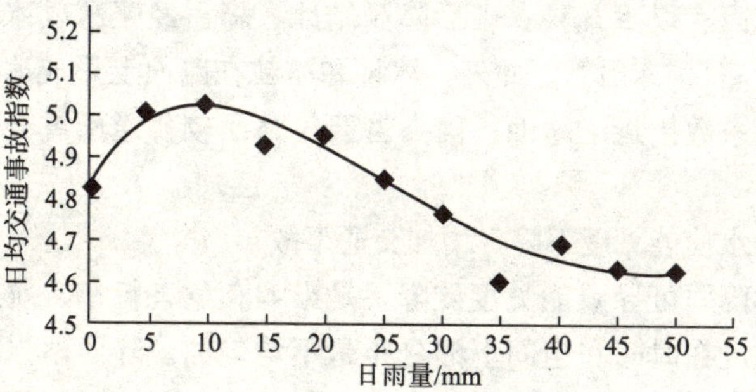

图 2.1 日雨量与日均交通事故指数的关系

2.1.1.1 降雨对公路交通的影响

(1) 降水使路面湿滑，导致车辆易侧滑和控制失灵。

安德烈（Andrey）和亚根尔（Yaganl ）1993 年的研究指出，降雨和潮湿路面引起道路偶发事故增加，其比率高达 70%，若遇上冻雨（贵州省冬季较多），交通事故的发生更是令人触目惊心。值得指出的是微量降雨对交通安全的影响并不比雨量明显的降雨低，在路面有浮土的情况下，微量降雨与路面浮尘混合，使路面盖上一层湿土，此时路面摩擦系数很小，是降水初期交通事故偏多的主要原因。丹尼尔（Daniel）调查研究了 1975—2000 年发生在美国的交通事故与降水之间的关系，结果表明：每月降水量和每月重大交通事故之间显示出显著的负相关关系。

降水（降雨和降雪）是使路面状况及摩擦性能发生明显变化的最主要的自然因素，受雨雪等天气影响，路面覆水、雪、冰使摩擦系数减少。谢静芳等（2006）采用国际上通用的方法，使用英国 80B190 摆式抗滑性能仪，对不同天气条件和路面状况下的路面摩擦系数分别进行实验室测试和路面实测，得到了干燥、潮湿、积水和结冰等 4 种路面摩擦系数的统计结果（表 2.1）。

表 2.1　不同路面状况的摩擦系数测试统计

项目	干燥（0℃以上）	潮湿	积水	干燥（0℃以下）	结冰
平均值	0.91	0.67	0.67	0.65	0.32
最大值	0.96	0.72	0.70	0.76	0.40
最小值	0.82	0.62	0.64	0.55	0.18

表 2.1 表明上述 4 种路面的实际摩擦系数存在很大的差别：干燥路面在 0℃以上时，摩擦系数最大，其平均值为 0.91；其次为潮湿和积水路面，平均摩擦系数为 0.67；干燥路面在 0℃以下时摩擦系数平均值略小于潮湿路面，结冰路面的摩擦系数最小，平均值仅为 0.32，已经低于车辆安全行驶临界值。路面结冰的成因有以下几种：雨后降温结冰、降雪经碾压成冰、积雪融化后结冰（日化夜冻）、冻雨等。此外，冰雹和冰粒在路面上形成冰水混合物，也会使路面摩擦系数接近于冰面；雨夹雪天气路面较普通雨雪天气更滑，需要特别重视。

（2）强降水使能见度下降，增加交通事故

强度大的降雨可导致能见度陡降，是影响和危害行车、航运安全的重要因素。降雨强度在时间和空间上的分布是不均匀的。降雨雨强在时空上骤变的同时能见度也随之发生骤变，前方能见度的骤变影响了驾乘人员的距离判断，车辆间明显的车速差异增加了事故发生的几率。强降雨出现时还因为以下一些因素影响能见距离：强降雨天气刮雨器常常不能及时刮尽挡风玻璃上的雨水；强降雨发生时往往伴随气温骤降，内外温差大，挡风玻璃内侧会有水汽凝结；邻车道上溅起的水幕等。这些因素及其综合作用，使司机对能见距离的实际感受更低、视线更加模糊。此外，在雨、雾并存的天气条件下，虽然雨强不大，但能见度常在 500 m 以下，小于 200 m 的低能见度也常常会出现，只是在雨、雾并存时天气比较稳定，能见度较少出现突发性波动，对行车存在的影响相对而言危害较小。

为标定强降雨与能见度的关系，南京交通气象研究所依据沪宁高速公路沿线自动监测站提供的每分钟一次的监测信息，得到雨强与能见度的对应关系（表 2.2）。

表 2.2 一分钟雨量与能见度对应关系

雨量/mm	能见度
0.8～1.2	降至 500 m
1.3～1.9	降至 200 m
2.0～3.0	＜200 m

从表 2.2 可知，降雨强度与能见度的下降密切关联。我国暴雨（日雨量≥50 mm）的分布，地域上自东南向西北递减，季节上集中在夏半年。100°E 以东，哈尔滨—银川—线以南的地区都有可能出现日雨量≥100 mm 的强降雨，两广沿海和台湾省是我国暴雨最多的地区，每年在 8～10 天以上，如中越边境的广西东兴平均有 14.8 天之多。暴雨的时空分布从表 2.3（据张家诚 1991）中可有一个大致的了解。

表 2.3 哈尔滨等地暴雨日数

站点＼月份	1	2	3	4	5	6	7	8	9	10	11	12	全年
哈尔滨							0.5	0.2					0.7
北京				0.1	0.1	0.2	0.6	1.4	0.3				2.7
郑州				0.2	0.1	0.4	0.5	0.8	0.2	0.1	0.1		2.4
武汉		0.1	0.2	0.4	0.5	1.2	1.0	0.7	0.4	0.1	0.1		4.7
长沙			0.1	0.4	1.0	0.9	0.8	0.3	0.3	0.2			4.0
广州	0.1		0.2	0.6	1.2	1.6	0.7	0.9	1.1	0.1	0.2		6.7
阳江	0.1	0.1	0.3	1.5	1.4	2.6	1.4	2.0	1.3	0.2	0.2	0.1	11.2

值得指出的是，即使总雨量（24 小时累计量）是暴雨，但如 1 小时或 1 分钟的雨强达不到一定的量级，不一定会造成能见度的陡降；而有时总降水量只是大雨或中雨的等级，但它如集中下在 1 小时或几分钟内（出现强降水时段）则完全可能造成短时段的低能见度，这是需引起警惕的。

（3）降水损坏基础设施，影响交通通畅

暴雨形成的洪水能冲毁、淹没路基、路面、桥梁、涵洞，形成泥石流、山体滑坡等使交通中断。此外降水可浸透公路的路肩和边坡，并通过毛细润湿作用向路基部分扩张。降水还通过路面结构的间隙渗入并润湿路面结构和土基上部，或沿着不透水路面边缘、接缝或裂缝进入路基。与此同时，路基内的水分通过蒸发从路基内逸出进入大气，由于路基内各个部位之间存在温度差异，水分以液态或气态的形式移动，引起路基湿度的变化，影响路基、路面结构的强度、刚度及稳定性。1994 年陕西关中西部大暴雨，西宝高速公路西兴段路面有汇流水形成水带，雨水不能及时排出，部分水渗到路基引起一些边坡滑塌。又如2001年8月1—2日烟台市普降大到暴雨，莱州境内出现洪水，引发3起车毁人亡的重大交通事故。

除了强降水直接造成交通设施损坏外，一般降水与风共同作用可使斜拉桥的拉索发生强烈的振动，致使桥梁结构损坏。近10多年来，对此现象已有很多的报道，斜拉桥拉索的风雨激振也成为大跨度斜拉桥设计中最为关注的问题之一。1979年文尼池（Wianechi）等在法国布若敦尼（Brottonne）桥上首次观察到了明显的拉索振荡。1995年，在荷兰伊拉斯莫斯（Erasmus）桥上观测到拉索在风雨天气下发生最大振幅达70 cm的振动，同时桥面也发生振幅为2.5 cm的振动。在国内，1997年上海杨浦大桥发生拉索大幅风雨激振，并在2000年再次发生，造成部分拉索锚具的破坏。2001年，南京长江第二大桥通车前，斜拉索发生大幅风雨激振，造成部分安装在梁端的油阻尼器损坏。同年，在8级大风和中等降雨条件下，湖南洞庭湖大桥拉索发生了严重的风雨激振，拉索的最大振幅超过40 cm，拉索振动激起了桥面振动，拉索还不断撞击桥面上的钢护筒。类似的报道在国内还有许多。斜拉桥拉索的风雨激振严重影响到桥梁的安全运营，引起拉索端接头部分出现疲劳现象，在索锚结合处产生裂纹，破坏拉索的防腐系统，严重的还会引起拉索的失效。因此拉索风雨激振对结构的破坏作用，近些年来成为研究的热点问题之一，但其机理尚未完全清楚。

（4）降雨对公路交通的其他影响

降水使部分路面有积水或干湿不一，路面摩擦系数不均，车辆制动性能变化较大。路面积水在灯光的照射下产生炫目的反光，夜间行车易引起司机视觉疲劳、注意力不集中而产生危险。降雨达中等以上量级路面容易出现积水，交通事故明显上升。路面排水不畅或地势低洼，相关路段容易出现较深积水，造成车辆进水、发动机熄火，严重影响车辆行驶，甚至使局部交通陷于瘫痪。如沪宁高速公路马群段的弯道和坡度较大的地段，多次因路面积水导致车辆方向失控、制动不灵引发事故，甚至同一路段一日数次。统计2000年烟台一级公路烟台段，每次中雨以上的天气后，平均有超过3起的严重交通事故发生。另外，连续降水易使驾乘人员情绪波动、烦躁，应变能力下降，诱发交通事故发生。连阴雨及大降水会延误交通基础设施的建设进度，影响工程质量。此外，酸雨对交通设施（特别是金属构件）的腐蚀破坏作用，降低了其使用安全和正常使用周期，其影响可由累积性引起，也可以由短期酸性高峰引起。在酸雨严重的地区和酸雨频发的季节应该注意检查和维护。

2.1.1.2 降雨对航空和水上交通等的影响

航空、水上交通、铁路甚至近年起步的管道交通与公路交通一样受到降水的影响，只是影响的程度和方式有所不同。在发展强盛的积雨云中有大量的过冷却水滴，飞机遭遇时会在机身上形成积冰，使发动机推力降低、浮力减少、阻力增大，是形成空难事故的原因之一；强降水影响起降跑道的能见度，或跑道积水降低摩擦系数，直接影响飞机的起降，延误航班，处理不当甚至会造成空难事故。例如，2005 年 10 月 22 日尼日利亚私营的航空发展公司（ADC）一架波音 737 型客机驾驶员无视暴雨影响强行飞行，在首都阿布贾机场起飞后不久坠毁，包括驾驶员在内的 96 人丧生；2007 年 9 月 16 日下午，泰国一架载有至少 128 人的麦道-82 型客机在南部旅游胜地普吉岛机场降落，机场附近正遭遇暴雨，客机降落时滑出跑道，与机场附近建筑及树木发生碰撞，客机因外力作用断成两截并最终爆炸起火造成机毁人亡。

对水上运输而言，降雨使能见度下降的效应是明显的，在低能见度中航行的船舶容易造成碰撞。内河航运中，雨季货物装卸困难，降低了船舶利用周期；雨天甲板湿滑，易出现落水事故；有些货物受潮后损船，如散装黄豆、玉米等粮食膨胀后挤破船舱沉入水中。强降水还会使河水突涨，改变水流速度和方向，致使船舶操作失灵，引发事故或航行困难，甚至造成断航及船只走锚。2007 年 6 月 23 日 18 时 40 分左右，上海遭遇入梅以来的首场暴风雨，一艘“上海坊”客轮在黄浦江不慎与一艘疑为逆向行驶的货船发生碰撞事故，至少导致包括 11 名外籍游客在内的 23 人受伤，事故不能排除能见度下降的原因。2007 年 7 月 15 日，湖北省麻城市举水河上游突降暴雨，河水暴涨，河内一挖砂船走锚漂向下游，撞上宋铁大桥后和桥“咬”在了一起。2006 年 6 月 8 日中午 12 时许，福建省福州市一艘上千吨的运沙船在准备抛锚时突然失控，在洪水中沿着乌龙江漂向下游，重重撞上了福泉高速公路乌龙江大桥桥墩后翻转，庞大的运沙船底朝天倒扣在江面上，并被死死“夹住”动弹不得，船上 3 人落水失踪。

2.1.1.3 降水对铁路、管道运输的影响

降水对铁路、管道运输影响相对较小，但随着全球气候变化，极端天气气候事件增多，降水造成的铁路、管道事故也不断见诸报端，尤其是我国西南山区，由于山高坡陡，暴雨引发泥石流，造成交通中断事故几乎年年发生。高山上或冬季寒冷多雪地区，积雪封锁铁路交通的事也常发生。据统计，20 世纪 80 年代我国主要铁路干线因水害中断铁路运输平均每年达 100 次以上，居各不利气象条件之首，最严重的 1981 年超过了 200 次。因水害造成的列车

脱轨颠覆重大事故，统计的 8 年中共 47 次，最多的 1981 年达到了 14 次。1975 年 8 月河南省发生特大暴雨，3 天雨量超过 1000 mm 的面积达到 1460 km^2，造成两个大水库垮坝，南北交通大动脉京广线被毁达 102 km，中断 16 天后才恢复单线通车。1981 年 7 月 9 日，成昆铁路利子依达沟的中、上游暴雨造成突发性泥石流，把在下游跨越沟口的成昆线利子依达大桥冲毁，一列旅客列车的两台机车及一节行李邮政车、一节客车落入桥下被泥石流冲走，另有两节客车翻在桥台下边坡上，旅客伤亡 270 人之多。1984 年 1 月中旬，长江中下游地区大雪，沪宁铁路被雪覆盖，南京及附近地区雪深超过 30 cm，铁路运输被迫中断 36 小时。

另外，降水也会对受气象因素影响较小的管道交通造成困难，降水可能使管道积水，电器故障增加，尤其是长时间强降水更会对管道施工造成威胁。2007 年 8 月 9 日，美国纽约市一场暴雨积水使曼哈顿连接其他区的地铁主要干道未能运营，地铁系统几近瘫痪，令上班族怨声载道。2007 年 8 月 1 日，沈阳地铁一号线工程土建 16 标段暴雨后塌方，幸无人员伤亡。2004 年 4 月 1 日，由于连降暴雨，广州地铁三号线沥胺站地下连续墙围护结构砂层含水量增大，土层自稳能力变差，突然出现塌方，施工地点出现一个直径约 30 m、深约 18 m 的大坑。2000 年 7 月 24 日，一场暴雨使得上海地铁二号线下行线龙阳路—世纪公园段出现积水，打乱了正常运行，二号线电脑控制行车时间系统也陷于瘫痪。2004 年 6 月 30 日，成都接连数小时的暴雨，羊市街下穿隧道出现积水，由于水势太大，隧道泵站内的自动抽水泵还未运行就已遭水淹，水泵电源因此中断，不能正常运转，导致隧道内的水越积越多，最深处达到 3 m，3 辆汽车相继遭遇“灭顶之灾”，隧道交通中断。

2.1.2 浓雾对交通的影响

浓雾是影响交通的又一重要交通气象灾害，它是延误飞机起降甚至取消航班、高速公路封路和轮船停航的主要天气因素，更是高速公路上造成车辆毁损、人员伤亡、交通瘫痪的主要“杀手”，也是引发水上交通事故的主要因素之一。因突发性浓雾造成的重大交通事故媒体屡有报道，已为社会公众熟知。

2.1.2.1 雾的分布特征

雾的分布局地性很强，我国雾分布的总趋势是东南多西北少。每年平均有雾 25 天以上的多雾地区：东北有大兴安岭、长白山脉、千山山脉等山区；西北有新疆天山、阿尔泰山、陕西秦岭山区等；南方有江浙沿海、闽西北山区、四川盆地、湘黔交界山区以及云南西南部地区和藏东南地区。

从地形上看，山区雾多，峨眉山是我国雾日最多的地方，平均雾日 322.1 天，而山麓的乐山仅 41.1 天，山区的雾实际上是低云及地造成的。位于盆地河谷中的低海拔地区也多雾，例如西双版纳的勐腊年雾日 152.2 天，景洪 131.7 天、澜沧 135.1 天，闽西北泰宁 154.0 天。重庆也因河谷地理条件而多雾，年均雾日 69.3 天，最多年达 148 天。丘陵谷地的雾日比相邻的平原地区多一倍左右。

海洋和沿海地区水汽丰富，一般多雾。如温州的年雾日仅 11 天，而南鹿岛多达 163 天；山东的成山头雾日 82.8 天，同纬度内陆济南仅 18.7 天。热带海洋上极少有雾，海南岛南端的榆林港有"无雾港"之称。

雾的年变化与雾的成因相关。大陆上形成的雾多数是辐射雾，冬半年夜间时间长，晴朗的夜间地面辐射冷却极易使近地层空气所含水汽凝结成雾。我国沿海主要是平流雾，即暖湿空气到达较冷的下垫面（海陆交界地区和冷暖洋流交界地区）凝结成雾，暖空气自冬至夏逐渐北上，冷海流则逐渐北缩，所以南海和东海南部雾季在 3—4 月，东海北部在 5 月，黄海南部在 6 月，黄海北部在 7 月，成山头 7 月雾日达 24 天。

内陆雾通常在午夜到凌晨生，日出后到上午消，但日出后的一段时间里容易引发团雾。湿润气候区雾持续时间长（通常持续时间大于 4～6 小时）、频次多，如西双版纳的起雾时间在 04—05 时开始，常到上午 11 时方散；干旱地区雾持续时间短（持续时间小于 2 小时）、频次多；中等湿润气候地区则以持续 2～4 小时的雾居多。

雾的多少、浓淡与空气污染的程度也密切相关，典型的例子是伦敦的雾日经历了少—多—少的变化过程，与空气污染程度相对应。

从以上分析可以看出，雾的分布既有季节性、地域性，又有其局地性。因而认识各地雾的生消规律及分布，将有助于提高对雾害的防御，减轻雾害对交通的影响。

2.1.2.2 浓雾对公路交通的影响

浓雾使能见度降低，驾乘人员产生严重的视程障碍，这是浓雾造成交通安全危害最基本的原因。浓雾造成的交通事故如此之多、危害如此之严重与浓雾的突发性、分布的局地性（团雾）相关，还与驾驶员的心理和生理反应、所经地域的自然环境条件及浓雾发生的时间等诸多的主客观因素有关。

（1）注意浓雾的突发性。浓雾是趋近饱和态的水汽突然凝结为雾滴的结果。从南京交通气象研究所在沪宁高速公路布设的能见度监测仪监测的浓雾生消演变过程可以看出，浓雾造成的能见度下降有时是一个剧降过程，能见度从千米以上降至 200 m 以下只有几分钟的时间，司机感觉犹如突然从明亮的地方进入黑暗区域，不仅缺少思想和操作上的准备，还会有“人在雾中迷”的感受，产生烦躁、惧怕出事故的恐惧心理，往往容易出现应对错误或反应滞后。在浓雾突发时，事故发生与否不完全取决于驾车者本人的谨慎程度和技术高低，即使能避免撞到前面的车辆，也还有被后面车辆追尾相撞的可能，惧怕心理的产生干扰了司机的处置能力。

在追尾事故发生的开始，由于前车还在行驶，后车的制动距离较长，碰撞的严重程度相对不是很大。当事故发生后，相撞车辆已为静止物，后面尾随而来的车辆不但更容易相撞，而且相撞时速度差比初次事故时的速度差大，后果更严重。这就是在浓雾天气条件下，一旦高速公路上发生交通事故，一般都比较严重的原因。

(2) 充分认识在局地各种要素变化的作用下，浓雾的生消具有明显的局部性。如由于地形地貌、下垫面植被茂密程度及种植作物（如水稻与旱作物）的差异、水域面积和水网密度不同，会造成不同路段雾的生消和浓度—可视距离相差较大，驾驶员很难及时调整车速及间距而发生追尾事故。高速公路局部路段出现突发性浓雾，危险性远远大于大范围降雾。雾被抬升离地、随风飘动而形成的团雾，使能见度变化急剧、频繁，更加容易引发严重事故。表 2.4 是 2004 年 4 月 2 日无锡锡澄高速公路测到的一次团雾影响下的监测资料，其能见度变化之大、之快可见一斑。

表 2.4　一次团雾状态下的实测资料

时间	能见度/m	风向/°	风速/ms^{-1}	温度/℃
22:05	3307	126	0.7	17.8
22:10	882	125	0.7	17.5
22:15	598	128	0.6	17.4
22:20	55	130	0.7	17.4
22:25	2110	128	0.6	17.3
22:30	1523	126	0.5	17.4
22:35	78	122	0.6	17.0
22:40	434	117	0.7	17.1
22:45	1385	117	0.8	17.0
22:50	1591	127	0.8	17.4
22:55	555	132	0.9	17.3
23:00	97	128	1.0	16.8
23:05	261	130	1.0	17.1
23:10	488	133	1.0	17.0
23:15	78	126	0.9	16.9
23:20	751	114	0.9	17.0
23:25	163	111	0.9	16.9
23:30	130	102	0.9	17.0
23:35	68	103	0.9	16.9

(3) 生理和心理因素。由于生理条件的限制，驾驶员很难及时精确地感知或估计浓雾的严重程度，带来判断和操作失误。在期望能见度好一些的心理驱动下，驾驶员往往对能见度的估值偏高。在浓雾情况下，可视距离会远远小于绝对安全距离。即使在正常天气条件下，后车与前车的间距也不是绝对安全间距，而是相对安全间距。有相当一部分驾驶员在高速公路行驶的大部分时间里，认为前车不会紧急制动，没有必要与前车保持较大的车间距，如果前车紧急制动或制动减速度大于一定值时，很可能发生追尾相撞。车在雾中行驶，司机往往不会把目光从道路上移开，依赖自己对速度的感觉误判车速而造成交通事故。

浓雾大多出现在下半夜到清晨，部分驾驶员处于疲劳、困倦状态，反应能力下降；驾乘人员有急着赶路以求能早点到达目的地休息的焦急心理，也是浓雾天气条件下事故多发的潜在因素。

(4) 路面湿滑。浓雾天气水汽丰富，路面是一个辐射面，降温是从辐射面开始的，晴朗的夜间路面温度比空气温度低，因而路面也会有凝结现象，使摩擦系数降低，若伴有毛毛雨飘落或是雨、雾并存，路面湿滑更加明显，影响制动效果，这一点类似于前文所述的降水影响路面摩擦系数的情形。

(5) 多种因素共同作用。上述4种因素不具排他性，即在浓雾天气条件下，各种不利因素都在起着不同程度的作用，从而会加剧引发事故，甚至一条路上多处发生重大交通事故。

2.1.2.3 浓雾对水上交通和航空、铁路的影响

船舶没有安装雷达之前，海难事故大多发生在浓雾天气之中。雾滴对声、光等具有吸收和散射作用，能使海上灯光信号航标失去作用，改变音响航标的传播距离和闪光时间，对准确定位带来很大困难，即使运用先进的雷达导航仪器、GPS定位仪定位，也仍有可能发生偏航、搁浅、触礁、碰撞等危险。

船的航速除受船的吨位和机械因素影响外，还受风速、水速、涨潮退潮的影响，船的吨位差异、航速差异及机械性能差异比高速公路上汽车之间的差异要大得多，因而水上交通的不确定因素更多一些，对能见可视距离的要求更高一些。

2007年6月15日凌晨4时30分许，广东省佛山市“南桂机035”船装载河沙从佛山高明顺流开往顺德，5时许船经佛山九江大桥附近时江面出现浓雾，能见度变低，驾驶员、船长未采取安全航速航行，也没有选择在安全地点锚泊，而是凭经验冒险航行。5时10分许，“南桂机035”船艏右侧与九江大桥桥墩发生严重触碰，造成轰动全国的九江大桥桥墩倒塌，其所承桥面约

200 m坍塌，正在桥上行驶的4辆汽车（共有司乘人员7名）及2名大桥施工人员当场坠入江中，造成8人死亡、1名司乘人员下落不明的恶性交通事故。2002年2月19日，一场海雾笼罩浙沪海域，上午7时许，在浙江洋山港水域航行的“浙象渔70031”被一迎面驶来的船舶撞击沉没，船上7人全部落水；上午9时09分，在长江口南支航道航行的890吨的货运船“浙岱66210”与一艘100吨左右的“苏天航2号”发生严重碰撞，约10分钟后被撞船“苏天航2号”沉没。类似事故几乎每年都有发生，给人民生命财产带来严重损失，必须引起警觉。

浓雾对航空交通的影响为人们所熟知，浓雾直接影响驾驶人员及地面人员的视程，无法分辨地面起降跑道和地面障碍物，处置不当，造成的后果不堪设想。因此，各国对不同机型、不同机场等级都制定有严格的起降能见度标准，尽管这样，因雾造成的事故仍屡有发生，因雾引起的航班延误、旅客滞留更是屡见不鲜。

2006年1月9日，重庆出现浓雾，能见度最低的地方不到30 m，江北机场120多个航班全部停航，7000旅客滞留机场，飞往重庆的航班不是取消就是备降成都、贵阳等邻近机场，此次浓雾影响航班中午12时左右才恢复正常。2007年3月17日，俄罗斯一架图-134在逼近萨马拉机场时，浓雾笼罩机场，能见度迅速下降至200 m左右，由于空中交通管制人员与气象工作人员的合作出现失误，飞机在能见度极低的条件下尝试着陆失败，撞地后发生机身解体，6名乘客死亡。1981年12月1日，一架麦道-80在浓雾中坠毁在法国科西嘉岛阿雅克肖，170名乘客和8名机组人员全部死亡。

浓雾对铁路等其他交通的影响相对较小，常常被人们所忽视。实际上，浓雾影响铁路沿线视程障碍，使列车司机对调度信号或前方障碍物判断产生失误，也会引发铁路交通事故。另外，浓雾天气的潮湿空气及可能形成的雾闪，致使铁路电器电路发生故障，也会导致铁路交通事故。同时，由于浓雾影响，加剧了事故的应急处理的难度，延缓了乘客伤亡的救援速度。2005年1月7日下午，意大利北部城市博洛尼亚附近发生一起客车与货车相撞的事故，客车车厢当即出轨，造成至少13人死亡、50多人受伤。当天出事地点笼罩着浓雾，能见度仅50 m左右，浓雾以及列车信号系统失灵成为这次事故的主要原因。2006年10月4日，浓雾弥漫沈阳，秦沈铁路客运专线皇姑屯火车站附近，两辆为铁路路基加固的捣固车在对接时追尾，造成30名工人不同程度受伤，其中6人重伤。2004年12月18日印度北部地区浓雾造成了两辆汽车分别与两列行驶中的火车相撞，3人死亡。

此外，由于空气污染的加剧，雾滴与大气中的酸性污染物结合后形成酸雾，酸雾弥漫在近地层空气中，附着在地面物体上，由于雾滴较小、较轻，悬浮在空中的时间长，酸雾的酸性浓度大于酸雨，而且不会像酸雨那样很快被稀释冲刷，对交通基础设施尤其对金属物的腐蚀破坏应引起重视。

浓雾对交通的影响甚大，为减轻浓雾对交通的危害，对于浓雾的形成机制、危害机理、监测预报和交通管理措施的研究与实施，已被有关部门列为十分紧迫的任务，近几年来进展明显，一些地区因雾引发的交通事故率已呈下降的趋势。

2.1.3 高温和低温对交通的影响

气温对交通的影响主要表现在高温和低温以及与冰冻等有关的温度临界值及其升降的变率。高温、寒冷天气具有范围广和不可抗拒的特点，并具有明显的季节性。温度除对交通的安全运营有直接的影响外，尤其是低温严寒常与降雪、积雪、道路结冰、河湖海港封冻相伴，而在高温时易燃物品可能引发火灾或爆炸事故，因此，高温和低温也是主要的交通气象灾害之一。

2.1.3.1 高温和低温的分布特征

我国幅员辽阔，海拔高度差异显著，因此气温的季节和地域变化幅度很大，吐鲁番盆地最高气温曾达49.6℃，而黑龙江漠河出现过−52.3℃的低温。我国陆上绝大部分地区全年1月最冷，7月最热。正常情况下一日中14—15时气温最高（地表及路面最高温度一般出现在气温最高时段稍前一点），日出前温度最低。

(1) 1月平均气温

东北最北部1月平均气温在−30℃以下；大小兴安岭及其附近的三江平原、松嫩平原北部大致都在−20℃以下；−10℃等温线蜿蜒在长城南北，大致在40°N左右；淮河秦岭一线月平均气温0℃左右，此线以南一般年份已没有季节性冻土；10℃等温线绵延于闽南和南岭地区，即25°N附近；20℃等温线在海南岛南部通过。

我国西部地区，阿尔泰山、天山中西段、准噶尔盆地大部和藏北高原1月平均气温在−20℃以下，高于−10℃的仅有塔里木盆地、青海最南部，以及西藏东南部，藏东南地区在0℃以上，墨脱等县更在10℃以上。

(2) 7月平均气温

盛夏7月，我国最北的漠河平均气温升到18.4℃，东北除山区外全境都在20℃以上；沈阳—北京—西安一线以南除山区外都在25℃以上；淮河以南及四川东部都在28℃以上，其中最热的地区达30℃左右，如江西贵溪30.0℃，湖南衡阳29.8℃。

我国西部地区7月平均气温空间分布差异很大，青藏高原大多在2～8℃，最冷地区在2℃以下，以至终年积雪。但干旱沙漠盆地升温极快，准噶尔、塔里木盆地在26℃以上，吐鲁番7月平均气温32.7℃。

(3) 最高气温≥35℃日数（炎热日）

东北许多地方最高气温≥35℃的日数平均每年不到1天，也就是并非每年都有炎热日。天津、保定以南增至10天以上；35°N以南多数地区可超过20天；26°－30°N之间以及万县至重庆的长江河谷多在30天以上，其中许多站超过40天，例如福建沙县48.3天，湖南衡阳42.9天，浙江丽水、江西贵溪42.7天。我国炎热日最多的地方在吐鲁番，平均98.4天，塔里木盆地也在30～40天以上，但在天山、阿尔泰山、青藏高原等海拔2000 m以上的山区已不再有35℃以上高温出现。

(4) 最低气温≤0℃日数（冷日）

我国冷日日数从北向南减少，递减的速度也很快。大兴安岭北部山脊上可以超过250天，大致丹东－锦州－北京－太原和西安—延安一线减少到150天以下，35°N附近减少到100天，江淮之间和巴山南坡约50天，25°N左右的南岭山区大约10天，福建南部、两广中部地区平均每年只有1天，而且有些年份不出现，在更南的纬度上终年都没有冷日。

我国冷日日数最多的地区在高山、高原上，天山、阿尔泰山和青藏高原大部都在200天以上，藏北高原、祁连山和青海南部在300天以上，藏北高原海拔4500 m以上地区全年的最低气温均在0℃以下。但在青藏高原东南部因海拔低、纬度偏南，冷日每年只有50～100天，中印边境的墨脱地区甚至和华南南部一样，终年不见≤0℃的低温。

不同地域的温度差异给长途交通运输带来影响，了解各季及每天沿途的气温状况有助于提前防范，避免气温变化给交通带来的不利影响。

2.1.3.2 温度对公路行车安全的影响

公路是裸露的沥青或水泥或沙粒路面，在白天易受太阳辐射而变热，夜间则是有利于地面辐射而降温，因而公路路面温度的变化幅度要比气温大得多。为说明问题，引用南京气象台1905年以来的气温和1957年以来的地温（土表）记录作对比，该站极端最高气温43.0℃，极端最高地温71.3℃，两者相差28.3℃；极端最低气温－14.0℃，极端最低地温－19.6℃，两者相差5.6℃。由此可以建立这样一个概念：在南京（32°N）夏季晴天的中午前后，沥青路面的温度比空气温度高30℃左右；在冬季晴朗的夜间，沥青路面温度比空气温度低5℃左右。南京交通气象研究所在沪宁高速公路的仙人山、梅村设立路面（沥青）温度监测点获取间隔一分钟的实时监测温度资料，所得结果与上述结果相近。显然，具体到某时某地的实际温差与太阳高度角（与纬度、季节和一日中的时间有关）、天气的晴雨、云层的厚薄及云量多少、路面干湿程度、风速大小等因素有关。陈梅等（2002）试验结果表明，陕西省7—8月沥青路面的最高温度较当时的气温高23℃左右，水泥混凝土路面高14℃左右。可见，虽具体的数值差异有所不同，但差异明显是肯定的。

高温时沥青软化，导致承载能力降低，在行车负荷作用下路面出现车辙、拥包等变形，影响路面的寿命和行车的舒适性；高温时段长时间行驶易发生爆胎，因电路油路老化而造成汽车“自燃”；没有空调设备且通风条件差的车辆，车内舒适度明显降低，高温易引起司机疲劳，造成交通事故。贺芳芳等（2004）指出，上海地区最高气温≥35℃的日均交通事故指数为4.51，略高于夏季日均交通事故指数。虽然35℃以上高温酷暑会出现汽车轮胎爆胎、驾驶员中暑等易引起交通事故的因素，但高温时段外出车辆和人员减少，交通流量降低，事故发生率不是很高。可是夏季日最高气温在28～35℃且相对湿度≥85%的闷热天气条件下，驾驶员会觉得体力不支、头脑不清醒，若此时高速驾驶、盲目超车，易引发交通事故；同时交通流量比高温酷暑天气大，因此日均交通事故指数反而比高温酷暑天气还高，最高为4.78，比最高气温≥35℃的日均交通事故指数高0.27。

低温时沥青混凝土路面抗变形能力降低，当路面收缩时收缩应力大于路面的抗拉应力，使路面产生各类裂缝类病害，影响公路使用寿命。低温会使汽车燃油发黏难以点燃，当气温低于－35℃时，润滑剂不易渗透到各个部位，使汽车的机械性能变差、故障增多，影响车辆的正常行驶。寒冷低温季节路基中的水分结冰，到回暖季节冻土融化，路基承受力下降。气温骤变时，由于路面收缩变形时间短易造成路面裂缝；早晚温差较大时，路面在冷暖交替中出现温度疲劳裂缝。冬季强冷空气袭击时气温骤变，影响驾驶员的反应灵敏度，据贺芳芳等（2004）统计，当日最低气温比上一天下降4℃以上时，交通事故指数明显上升。

严寒给汽车行驶带来不便，气温＜－20℃时，汽车挡风玻璃就会结霜。1984年12月受寒潮的影响，新疆气温普遍比往年低8～10℃，乌鲁木齐开往昌吉的汽车挡风玻璃结冰，喷洒酒精也维持不了多久，不断喷洒严重影响车速，途中时间延长近一倍。阿尔泰山、塔城气温达－31～－45℃，开往可可托海、青河的客车停发15天。又如北京1985年12月7日，由于低温柴油凝固，使部分公交汽车不能按时出发，造成交通一时紊乱。

谢静芳、吕得宝等（2006）研究指出，北方地区冰雪天气对交通的影响很大，尤其是东北地区，严寒及冰雪路面对交通的影响明显超过雾天气。我国中纬度地区冬季气温在0℃左右，多湿雪及雪后容易融化，车辆行驶在冰水混合的路面上也容易引发交通事故。在沥青路面上对摩擦系数进行测试，测试统计结果（图2.2）表明，路面温度变化对路面摩擦系数有显著的影响，这种影响还与路面状况有关。

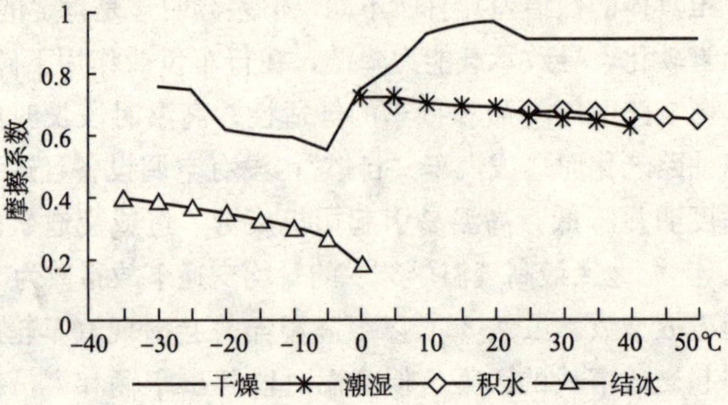

图2.2　路面温度和路面状况与摩擦系数的关系

（1）干燥路面。温度在20℃以上时摩擦系数较大，且随温度的变化较小；温度在−5～20℃之间，摩擦系数随温度的下降而明显减小，尤其在0～−5℃之间具有显著的突变特征；当温度在−5℃以下，摩擦系数随温度的下降反而有所增大。

（2）潮湿、积水路面。0℃时，摩擦系数与干燥路面相近，随着温度的升高摩擦系数略有下降，但与干燥路面相比，摩擦系数的差异增大，其差值在10℃以上时比较稳定。

（3）结冰路面的摩擦系数最小，而且在0℃附近为最低值，这是因为在0℃附近时，冰层在车轮的摩擦作用下容易成为冰水混合状态，随着温度的下降冰层硬度增大，路面摩擦系数反而有所增大。

2.1.3.3　温度对工程设计与施工的影响

工程设计要考虑影响公路和铁路安全的各种气象条件，首先冻土是确定地基上的冻胀性和基底埋深的一项主要因素。如耿大定等（1978）在论中国公路自然区划中的一级区划就是以冻土为指标。他把年平均气温−2℃等值线作为多年冻土和季节冻土的界线；1月平均气温0℃线作为季节冻土和全年不冻的界线。由于冻土不仅和温度有关，也与土中水分有关，故又以年雨量400 mm等雨量线作为能使土冻结并具有危害性的西缘。铁路、桥梁部构件受温度变化影响产生的变形值是公路与铁路桥梁安全设计的重要参数。

刘红亚等（2001）提供的资料表明，高等级道路施工分成挖方路基施工、路面基层施工和路面施工三个阶段，不同道路种类和不同施工阶段对气象条件有不同的要求，其中温度是一个相当重要的环境条件。

（1）挖方路基施工阶段。在反复冻融地区，昼夜平均温度在−3℃以下且持续10天以上时不能施工。昼夜平均温度高于−3℃，但冻土尚未完全融化时也不能施工。雨季施工时要做到排水通畅。

（2）公路路面基层施工阶段。水泥稳定土适用于道路的基层或底层，施工时的最低温度应在5℃以上，降雨时停止施工。石灰稳定土使用于底基层，施工时的最低温度应在5℃以上，降雨时应立即停止施工。

（3）公路路面施工阶段。沥青路面施工时，沥青表面处置施工和灌入式路面施工应在干燥和较热的季节进行，并在雨季及日最高气温低于15℃半个月以前结束。乳化沥青混合料路面必须在冰冻前完工。热拌沥青碎石混合料路面施工时，气温应高于10℃。浇洒透层沥青时，气温应在10℃以上，如遇大风应停工；气温低于10℃或地面潮湿时不得浇洒黏层沥青；封层时气温应在10℃以上，不得有大风天气。以上施工项目遇降水时应立即停工，气温高于35℃时沥青黏融不易压平，也不宜铺设。而水泥路面施工时，当气温连续低于5℃时，出现霜冻、结冰等现象都会影响混凝土的凝固；高温虽然对混凝土路面施工有利，但必须加强浇水养护，否则混凝土与模板黏连，产生拉裂或变形断裂。降水无论大小均会对混凝土浇注产生影响，铺设后12小时内出现中雨以上降雨，会严重影响路面质量。

2.1.3.4 温度对其他交通的影响

温度对铁路、航空交通的影响，除了类似温度对工程设计、施工产生影响外，高温、低温会使铁轨热胀冷缩发生变形而引发交通事故。俄罗斯联邦民防、紧急情况与消除自然灾害后果部信息管理局的资料显示，由于受高温导致铁轨变形的威胁，俄罗斯铁路交通危险地段事故发生几率可能增加，中央联邦区、伏尔加河沿岸联邦区和南方联邦区的交通事故发生率因高温将会超出多年平均事故率20%～25%。气温对列车运行也有影响，气温高时列车启动快，低温时则慢，用的柴油易冻结，当气温在−18℃左右时列车牵引力与常温下相比大约减小5%，−28℃时则会减少15%。高温时段，在铁路上行走、散步或纳凉而发生的人身伤亡事故比正常气温下要明显增多。2003年7月1日至8月18日，广州市因气温骤然升高，在铁路上行走、散步或纳凉而发生的人身伤亡事故37起，死亡29人，伤8人。高温时用电负荷增加，也会殃及铁路电器系统，2005年6月22日晚间，一向以准时著称的瑞士铁路系统风光不再，当地一条1.5万伏的供电线突然断电，该国国有铁路运输全面瘫痪，直到23日凌晨05时才全面恢复正常，期间大约10万余名旅客在下班高峰时间被迫滞留在列车上或车站里。冯宝锐等（2007）

研究表明，低温也是造成铁轨断裂的重要因素之一，低温也会使车辆钢结构变脆断裂。

气温对航空交通亦有影响。气温对飞机的载重和起飞、降落过程的滑跑距离影响较大。随气温升高空气密度变小，产生的升力变小，飞机载重能力减小，起飞的滑跑距离变长。气温升高也会降低发动机的燃烧效率，这对航空公司来说是一种额外成本。飞机在0℃以下的云中飞行时，往往在飞机的外表迎风面上凝结冰霜，出现“飞行积冰”现象。这是因为在温度低于0℃（特别是在0～−10℃）的云中存在着大量的过冷水滴，过冷水滴是不稳定的，受到震动就会冻结。当飞机机体表面的温度低于0℃时，碰上过冷水滴或降水中的过冷雨滴就会产生积冰，强的积冰多发生在云中温度0～−15℃区域内。飞机一旦发生积冰，动力性能就会下降，使正面阻力加大，升力和推力减小，飞机重量增加，操纵困难；积冰还会改变机翼流线型的结构，造成螺旋桨叶重量的不平衡，或者是汽化器中进气管封闭，汽化器减少了进气量，降低了飞机的动力，还可使油门冻结，断绝了油料来源，驾驶舱窗玻璃积冰，驾驶员的视线受影响等原因造成飞机失事。经研究分析，当低空有冷空气入侵，造成温度在垂直方向上递减率降低，在合适温度（环境温度约在−6～−10℃之间）、湿度条件下，极易形成比较深厚的积冰区域。例如2004年12月21日13：20左右，民航山西太原武宿机场接到北京至太原航班机长报告，飞机遭遇强积冰，在短短2～3分钟内飞机挡风玻璃前积聚了2～3 cm厚的毛冰，按照航空积冰强度等级划分标准（单位时间内积冰强度≥2 mm/min）应属于极强积冰，飞行员采取快速下降，脱离积冰云层之后于13：47安全降落，化险为夷。

2.1.4 降雪与冰冻对交通的影响

降雪是我国北方冬半年常见的天气现象，一般说来，冬季降雪和积雪对农业生产是有利的，故有“瑞雪兆丰年”之说，但是对交通的影响和危害也是明显的。降雪、积雪、冰冻不仅造成低能见度、道路摩擦系数减小，形成严重的道路堵塞，直接危害交通的安全畅通。同时，大雪、暴雪往往与大风和大幅降温相伴发生，在强风与低摩擦系数共同作用下，使汽车的方向、速度更易失控。吹雪现象使能见度减小，风速＞5 m/s时可形成大小不同的雪堆，风速＞15 m/s时，半小时即可有40 cm的雪层。若形成雪阻，往往不能很快排除，被困人员的饮食、保暖又成了新的问题。与积雪相关的还有雪崩，给交通带来的危害则更大。除对公路交通形成影响外，降雪、积雪、冰冻也直接对铁路、航空、水上交通形成严重影响。例如2008年初（1月中、下旬）

我国南方大部分地区发生了历史罕见的以“低温、雨雪、冰冻”为特征的灾害性天气，交通运输无论是公路、铁路、航空顿时陷于瘫痪。此次长时间的冰雪灾害正值春运高峰大量旅客返乡之际，其影响和危害之大，为新中国成立以来罕见。

此次降雪过程湖北省有 50 多个县积雪深度在 5～10 cm；安徽省淮北积雪深度均在 10 cm 以上，大别山区 25 cm 以上，岳西县最深积雪达 28 cm；江苏省有 18 个市县累积最大积雪深度达到或超过 30 cm，最大积雪在溧水达 40 cm。

受罕见的低温雨雪冰冻天气影响，1 月 19 日湖北省武汉市发往全国各地的 8800 余班次的长途客运班车停运；湖南春运呈现“天上飞不了，地上跑不了”的“半瘫痪”状态。1 月 25 日京珠高速公路关闭后，湖南段出现长时间的堵塞，受堵车辆长达数十千米，滞留车辆超过 2 万辆，有 8 万多旅客和司机滞留在京珠高速公路湖南境内。

据 1 月 29 日媒体报导：由于大雪肆虐长江中下游各大机场，加之积雪结冰，致使长沙、武汉、宜昌、南阳、大庸、郑州、洛阳、恩施、芷江、常德、襄樊、无锡、南通、合肥、九江、南昌、常州、贵州、铜仁、南京、黄山等地共计 21 个机场一度关闭；1 月 30 日受这场南方雪灾的影响，京广线南段和沪昆线部分区段列车受阻，致使广州地区滞留旅客近 80 万人。

另据 1 月 27 日《南京日报》报导：南京 26 日陡降暴雪造成高速公路封路，南京公路长途客车全部停运；下午 3 点前，禄口机场所有进出港航班全部停飞；南京火车站售票大厅前拉起警戒线，限制进站购票客流。市春运办负责人称，这是自 1996 年以来南京出城交通受天气影响最严重的一次（图 2.3）。

图 2.3　2008 年 1 月 26 日南京普降暴雪，
众多长途客车滞留在中央门长途汽车站

2.1.4.1 降雪和积雪分布特征

我国有三个多雪区，都是冬季严寒而气候又较湿润的地区，年降雪日都在30～60天以上。这三个地区是：东北大小兴安岭地区；西北天山、阿尔泰山地区；青藏高原东部（包括祁连山区）。其中以青藏高原东部多雪区面积最大，降雪日数也最多（这与夏季降雪有关），如四川松潘平均年降雪日数162.9天（最多年182天）。

冬季严寒的东北大小兴安岭北部年积雪日数>150天，东北东部和北部100～150天，东北西南部25～50天，华北地区多在15～30天，江淮之间、汉水流域约10天左右，25°N以南一般就无积雪了。西部多雪区积雪日在100天以上，而冬季干旱区及西藏雅鲁藏布江半干旱河谷年积雪日数平均都在10天以下。降雪和积雪日越多的地区，积雪的深度往往也越深。

除了上述三个多雪区之外，我国30°N以北，多数地区年降雪日数都在10～30天，仅冬季气候干旱区降雪才少于10天。东部30°N以南，年降雪日数在10天以下。

福建厦门、广东梅县、广西梧州、百色以及云南元江、宝山一线以南都是无雪区。当然也有例外，1983年12月26—28日云南省出现了百年罕见的大雪，连海拔397m属热带气候的元江也出现了降雪。

2.1.4.2 降雪与冰冻对公路交通的影响

降雪强度很大时会严重降低能见度，低于50 m的低能见度在北方降雪时常会出现。落在挡风玻璃上的雪是不透明的，对驾驶员视线的影响比降雨时更大，被刮雨器刮向两侧的雪使驾驶员的视野变窄，影响交通安全。

冰雪覆盖路面时，汽车实际上是在冰雪形成的介质层上行驶，摩擦系数很小，抗滑性能差，容易使车辆发生空转或打滑，从而发生危险。谢静芳等(2006)给出的试验统计结果很能说明问题（表2.5）。

表2.5 摩擦指数与抗滑性能、摩擦系数及路面状况的关系

摩擦指数	抗滑性能	实际摩擦系数	对应路面状况
0级	良好	≥0.65	常温、干燥、无杂质
1级	正常	0.56～0.64	潮湿、少量积水、低温
2级	稍差	0.51～0.55	积水、低温
3级	较差	0.41～0.50	积水、浮雪、霜
4级	很差	0.31～0.40	积雪
5级	极差	≤0.30	结冰

在分析冰雪天气对公路交通影响时，应考虑当时的具体情况：

(1) 微量降雪天气对路面的影响低于其他降雪天气，但交通事故发生率却无明显差别，相反重大交通事故还略有增多，这可能与司机的重视程度不够有关。

（2）初冬，路面温度还在零度以上，受冷空气影响降雪，雪降至路面很快融化，雪融化时吸热加上气温继续下降，路面温度下降，由零上降至0℃左右再降至0℃以下，使路面状况经历着干燥—雪化水—雪水混合物—结冰—冰上积雪的过程。同一条公路上，降雪有早迟，自然环境条件有差异，不同路段的路面温度、路面状况及路面摩擦力也有明显的差异，司机若不及时感受这种差异就容易引发事故。

（3）积雪被压实后，路面摩擦系数类似冰面。

（4）路面积雪时，若白天在阳光照射下雪面融化，夜间路面温度降到0℃以下，路面结冰，积雪“夜冻昼化”最容易发生交通事故。

（5）在雨夹雪或湿雪的天气里，路面较普通雨雪天气更滑。我国南方气温偏高，降雪持续的时间相对而言不是很长，雪也容易融化，“霜后暖，雪后寒”，雪止天气转晴后温度下降明显，易形成路面结冰。据贺芳芳等（2004）统计，上海雪止后次日的日均交通事故指数上升，比冬季日均交通事故指数高0.36。

（6）气温接近0℃时，使用融雪剂可使积雪融化；但在低温条件下使用融雪剂，对路面摩擦系数影响不大，其主要作用是可以避免路面积雪被车辆压实板结，便于清除。

降雪危害公路交通除了上述的降低能见度和使路面摩擦系数锐减外，路面积雪过程造成雪堵也是导致公路交通瘫痪的一个因素。小轿车的轮半径26 cm，按理论值计，雪深7.6 cm时，车轮被雪埋的弧长是轮周长的1/4，雪深13 cm时，车轮被雪埋的弧长是轮周长的1/3，所以在降雪时路面雪深10 cm左右行驶已很困难，雪深＞15 cm后，雪堵已是很难避免了。

此外，雪崩造成公路雪灾，不仅掩埋公路阻断交通，还可能摧毁道路、桥梁和其他结构物。

当路基有充足的水分，冰冻作用将使路面向上隆起，严重时可高出路面几十厘米严重影响路面结构的整体强度，甚至出现中断交通的严重后果。

陈梅等（2002）给出陕西西铜公路路基承载力变化图（图2.4）。陕西冬季温度虽然较低，但降水量很少，春季降水量明显增加。例如西安1月上旬平均降水量0.8 mm，3月上旬为12.3 mm，温度上升，冰冻的路基开始融化，使路面的承载力明显下降，导致路面损坏。融化过程是自上而下进行的，路基顶层土融化后雨水雪水由裂缝渗入，夜冻日融，此时若有大量重载车辆通过，路面结构便会遭受破坏。在大气污染比较严重的地区，降雪和积雪所携带的酸性物质会较长时间作用在地表物体上，对交通设施产生危害。

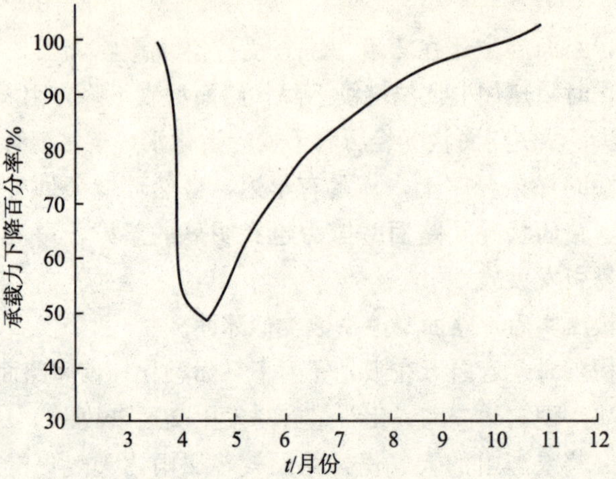

图 2.4　陕西西铜公路冰冻影响承载力

2.1.4.3　降雪与冰冻对其他交通的影响

降雪与冰冻对公路交通及设施造成严重影响，也对铁路、航空、水上运输带来危害。2007 年 3 月 3 日后半夜，内蒙古、辽宁、河北、北京、天津等地区突降中到大雪，部分地区出现大到暴雪，同时伴有七八级大风，京哈线、京包线部分路段积雪达到 1.5 m 左右；同时，暴风雪又造成山海关火车站供电中断，给铁路运输带来极大困难，旅客列车一度出现滞留。1983 年 4 月底，黑龙江齐齐哈尔地区连降大雪，积雪几十厘米，铁路电线杆被压倒 3000 多根，造成停电、停水、通信中断，铁路几乎停运。1955 年 1 月 1 日南京积雪 51 cm，来往火车全部误点。在铁路运输中，当路面积雪 40 cm 时，火车运行速度大为降低；积雪大于 70 cm 时，火车不能运行。

暴雪造成的低能见度及机场积雪、结冰如不及时清除，将影响飞机起降甚至导致机场关闭，造成航班延误或取消。前文提到的“飞机积冰”现象对飞机是非常危险的，飞机积冰使飞机的空气动力学性能变坏，升力减小，阻力增大，影响飞机的安全性和操作性；旋翼和螺旋桨积冰，会造成飞机剧烈颤动；发动机进气道积冰，可能会损坏飞机。2006 年 6 月 3 日，空军一架军用运输机执行任务中，在安徽某地失事坠毁，机上 40 人全部遇难，专家组经调查认为，造成这起事故的直接原因是由于多次穿越积冰区域，飞机空中积冰，导致失控坠毁。2004 年 12 月 21 日，由于大雪，银川机场飞机滑行跑道积雪不可用，被迫于 21 日早 8 时 25 分关闭跑道，停止飞行，22 架次航班被迫延误，400 多人滞留机场。2005 年 12 月 8 日晚，芝加哥米德威国际机场大雪纷飞，加上机场跑道清理工作跟不上，美国西南航空公司的一架波音 737

客机在芝加哥机场降落时滑出跑道，继而冲破机场栅栏与附近一条繁忙街道上的两辆汽车相撞，造成1名男童死亡、10人受伤。调查显示，当地的暴风雪天气是造成飞机事故的主要原因。

对于水上交通，降雪和冰冻直接造成航行视程障碍，结冰使甲板打滑，增加了船员落水事故。江河及海面的封冻、解冻和冰层的厚度也与水上交通关系密切。河流结冰，产生流动冰块，不仅使船体遭受损坏，而且冰流产生比水流更大的力量，使船舶航行或锚固产生困难。严重的结冰或浮冰甚至会使船舶被浮冰所困，难以动弹。每到年底、年初隆冬季节，海河河面都会冻结成厚薄不一的冰层，轮船在其中行驶艰难，严重时港口全部封冻，给天津的经济造成了负面效应。20世纪50年代中期，英国船舶研究协会（BSRA）就结冰现象对拖网渔船稳定性的影响进行了船模试验，试验表明渔船在寒冷季节作业时，结冰对渔船稳定性的影响不容忽视。

2.1.5 风对交通的影响

风对于航空、航海、内陆水上运输、铁路和公路交通都有很大的影响。冬季大风与剧烈降温、暴雪相伴；春季大风引发沙尘暴和扬沙；夏季大风常伴有强降雨、雷电、冰雹甚至风暴潮。风的阵性和风向的不稳定性是其固有的特点，在春夏季的强对流天气中表现尤其突出。1974年6月17日飑线过南京时，在45分钟内气压涌升6.8 hPa，15分钟气温下降11℃，瞬间风速38.8 m/s，是当地历史上罕见的大风。这次飑线历时17～18小时，途径鲁、苏、皖、浙、赣五省，跋涉800～900 km，造成大范围的强风暴雨，有的地方还下了冰雹。

2.1.5.1 强风的成因与分布

（1）寒潮。冬半年高纬度地区太阳辐射微弱，大陆表面迅速冷却。在大陆内部有利地形条件下冷空气大量堆积，蒙古地区和西伯利亚东部是我国冬半年的主要冷空气源地，最低气温可达－60℃以下。冷空气从源地流向纬度较低的温暖地区，冷空气南下时强度很大的便称为寒潮。寒潮南下一般十分迅速，由于气压梯度大形成强风，强风通常出现在冷空气（冷锋）过境时及过境后的一段时间里。我国寒潮平均每年5.2次，在冬半年出现，暮秋和早春是寒潮最多的季节。

（2）台风。台风是一种极为强大的热带气旋。台风的强度大、范围广，强台风≥7级的大风区半径常超过500 km，10级以上大风区半径可达200 km左右。有时台风外围的云带中还会有龙卷，1967年大西洋飓风比尤拉（Beulah）在美国就产生了141个龙卷。西北太平洋平均每年约有30个台风，登陆我国的台风平均每年6.6个，近80%集中在7—9月。

(3) 强对流。春夏季节我国东部地区的大气经常表现为较强的对流性不稳定，低层盛行偏南暖湿气流，加上地面因太阳辐射而大幅增温，就能不断积累对流性不稳定能量。这时，如果外部有强烈的触发机制（适宜的天气系统）移来，对流层中上层有携带着干而冷的空气逼近，就可能形成强对流天气，出现阵性大风等恶劣天气。在我国陆上强对流形成的大风虽然持续的时间短，但突发强、风力大、发生几率高，且局地性明显。

我国大多数地区年平均大风日数在5～20天左右，有三个地区风速最大、大风最多。第一个地区是中蒙边境，大风日数在50～70天以上，该地区地形平坦，寒潮大风、气旋大风畅行无阻；第二个地区是青藏高原，地形也较平坦，冬半年位于高空西风急流之下，午后因动量下传而多大风，年大风日数在100天以上，是我国大风日数大面积高值区；第三个大风地区是东南沿海，海面摩擦力小，其中台湾海峡及沿岸因气流的狭管效应，大风日数也有超过100天的。我国大风日数最少的地方是西南的云、贵、川及西藏东南部地区，西南山区有的地方每10年只有2～3次大风，大风历时也极短。

2.1.5.2 风对交通的影响

高空风对飞机航行的影响很大，顺风飞行可以缩短飞行时间，节省燃料；逆风飞行则正好相反；侧风飞行会引起偏航，高空急流顺流时可缩短飞行时间，被称为“最少航时法”。而在近地层，飞机起飞、降落时飞行速度较低，需要更多地考虑风的影响，起飞、着陆时迎风进行。侧风时的起落，驾驶员必须考虑侧风会使飞机的航迹偏离跑道而需调整飞机的航向，当侧风风速大过一定的速度时则不能起降。

低空风切变和微下击暴流，能给飞行带来严重危害。风切变是指风的速度和方向突然改变，严重的低空风切变常发生在低空急流即狭长的强风区，对飞行安全威胁极大。这种风切变气流常从高空急速下冲，像向下倾泻的巨型水龙，当飞机进入该区域时，先遇强逆风，后遇猛烈的下沉气流，随后又是强顺风，飞机就像狂风中的树叶被抛上抛下而失去控制。因此，它可以损害飞机的结构，极易发生严重的坠落事件，特别是在起飞或着陆时，风切变可以使飞机的空速和高度迅速变化，造成严重事故。国际航空界公认低空风切变是飞机起飞和着陆阶段的一个重要危险因素，被人们称为“无形杀手”。而微下击暴流是以垂直风切变为主要特征的综合风切变区，这个区域内垂直气流会出现突然的加剧，就产生了特别强的下降气流，这个强烈的下降气流与地面撞击后转为与地面平行的水平风，形成了水平风切变。如果飞机在起飞和降落阶段进入这个区域，就有可能进入失速状态，飞行姿态不可控，造成飞机失事。飞机着陆时，下滑通道通过微下冲气流，那么飞机会突然地非正常下降，偏离原有的下滑轨迹，有可能高度过低造成危险。当飞机飞出微下冲气流后，又进入了顺风气流，使飞机与气流的相对速度突然降低，由于飞机在着陆过程中本来就在不断减速，突然的减速就很可能使飞机进入失速状态，而在如此低的高度和速度下，根本不可能留给飞行员空间和时间来恢复控制，从而造成飞行事故。1983年我国租用法国的“空中国王200号”在广州白云机场起飞时遇到了微下击暴流，飞机失去控制而失事。1985年，美国达拉斯一福斯机场飞机坠毁，137人死亡；2001年，美国航空公司587喷气式飞机在空中突然失速，冲进纽约一个居民区，造成265人死亡。这两起事故均由风切变引起。

和风切变同样危险的另一种风是大气中有不稳定气流的上下运动，飞行在这样的气流中，飞机抛上抛下是非常不舒服的，可造成飞行员操纵困难或暂时失去操纵。另外还有一种晴空湍流，它出现在晴朗的天空。在低空这种湍流一般造成的颠簸不大，在高空往往强度很大，造成很大危险。此外，飞机翼尖向内向下旋转产生涡流，大飞机的涡流可能延伸3000 m左右，因而在大飞机后面飞行的小飞机会因此而受到剧烈颠簸，飞机难以控制。因此，在飞行中，特别是在起飞或着陆时，应保持一定的飞行间距，否则易引起空难事故，这类事故国外航空公司已发生过。

强风对民航飞机的起飞降落有较大影响，各种机型对在起飞、降落时所能接受的强风天气都有相应的标准，一旦风的强度超过相应的安全标准，飞机就无法起飞降落，造成航班延误。

风也是水上航行中最重要的因素之一。在海运中首先要确定最佳航线，利用航行过程中的海洋水文气象条件，选择航时最短、最大限度地减少避风抛锚的时间，以及减轻船只抗风抗浪的机耗等，实现安全航行提高经济效益的目标，“气象导航”是其中一个重要的方面。1980年第7号台风袭击广东，湛江港12级大风持续4小时，并发生了历史上罕见的风暴潮，港内一艘万吨级印度轮船被凶猛的浪潮抛到了防护堤边，3000多条渔船被打坏打沉，损失惨重。

风力和风向对内河航运都有影响，当风力增大到6～7级时，容易出现沉船事故，如遇突发性的雷雨大风，更易发生恶性事故。在航线方向上，当风向侧吹时，风力≥5级时就会使船舱进水，容易导致翻船。据程宏林等（1996）的统计，在内河航运发生的重大和特大事故中，有38％的事故出现在大风天气中。

大风亦是铁路运输中的一个灾害因素，大风可使火车出轨以致颠覆，如兰新铁路在哈密附近要通过“百里风区”，在天山达坂一带要经过“三十里风区”。1961—1982年大风吹翻列车十多次，近年来也有类似的事故发生。2007年2月28日，5807次列车进入了“三十里风区”，15分钟后遭受13级强风袭击，02：05列车被吹翻。每到大风季节列车不能正常运行，打乱运输秩序，降低了运输效率，威胁着铁路运输安全。

大风对高等级公路上行驶车辆的影响主要表现为增加行车阻力、风沙或吹雪使能见度变差、侧向风吹翻车辆等。例如高速行驶的车辆侧面受到横风作用，若风力较强时，特别在“风口”路段，会使车辆偏离行车路线而诱发交通事故，对高箱、双箱汽车的危害尤甚。沙区的多风多沙也是影响交通安全的因素，主要体现在风蚀路基、沙埋、流沙堆积、移动沙丘上路、沙尘弥漫（沙尘暴）等。强风吹倒吹坏路边设施落到路上，也能造成交通事故。

2.1.5.3 风对交通设施的影响

风除对交通运营形成直接影响外，也对交通设施产生影响，有时还会造成毁灭性的事故，这一点正在逐步为人们所认识。当气流遇到交通设施阻碍时，就形成高压气幕，风速越大，对交通设施产生的压力越大，从而使交通设施（如桥梁）产生变形和振动。交通设施如果设计风参数采用不当，会产生过大变形，或者使结构局部破坏甚至整体破坏。国际著名的风工程专家达文波特（A. G. Davenport）教授援引联合国的统计资料指出：“约半数以上的自然灾害与风有关”。

风对交通设施的影响，尤对高、大、细、长等柔性结构更为显著，如现代大桥高、长、柔的结构特点使得其对风的作用更为敏感，风荷载在现代桥梁设计中至关重要，已成为支配性因素。桥梁上部结构的抗风稳定性是大跨度桥梁需要解决的主要问题之一。风对交通设施的作用是多方面的，受到风的自然特性、交通设施的动力特性以及风和交通设施的相互作用的制约，其作用相当复杂。

在风的作用下将产生以下结果：①使交通设施或构件产生过大的内力和不稳定；②使交通设施产生过大的挠度或变形；③反复的风振动作用引起交通设施或构件的疲劳损坏。

从工程抗风设计的角度来看，在顺风向时，可以把自然风分解为平均风（稳定风）和脉动风（阵风脉动）两部分，分别考虑他们对交通设施的作用。平均风为长周期，周期大大地大于结构自振周期，作用性质相当于静力。而脉动风是由于风的不规则引起，其周期短，作用性质是动力的，引起结构的振动（结构风振）。因此，风对交通设施的作用包括风荷载的静力作用和风引起的交通设施的动力振动。在横风向时，由于空气的黏性和流速，在结构的尾部会产生流体涡旋规则或不规则脱落，产生横向振动，偏心时还产生扭转振动。研究发现：涡旋脱落的产生与结构的截面形状和雷诺数（Re）有关，不同的雷诺数范围出现不同形式的流体的涡旋脱落和结构的风致振动。

风的静力作用可使交通设施产生应力、变形、横向屈曲，可能发生强度、刚度和稳定性问题。

风的动力作用即风致振动，当风速达到某一临界值时，结构的运动会无限制地增大，从而产生空气动力失稳。一是在风的作用下，由于结构振动对空气力的反馈作用，产生一种自激振动机制，如颤振和驰振。对于近流线型的扁平断面可能发生类似机翼的弯扭耦合颤振，对于流线型较差的断面则容易发生分离流的扭转颤振。同时，由于强风与水平面有一定倾角（攻角），截面在垂直于风向平面内的投影面积增大，可能引起扭转颤振；对于非圆形的边长比在一定范围内的类似矩形断面的钝体结构，由于升力效应可引起驰振。当颤振和驰振达到临界状态时，将出现危险的发散振动（它是空气动力失衡现象，结构在自激力的作用下振幅越来越大，最后导致结构动力失稳，造成结构的整体毁坏）。二是在风作用下产生一种有限振幅的随机强迫振动，如抖振（又称阵风响应，是由于大气湍流成分引起的结构随机振动）和涡激振动，它因经常出现而可能导致结构疲劳损伤，影响结构的正常使用。

根据项海帆（1996，2005）的总结，从1818年起至少已经有11座悬索桥因风原因被摧毁（表2.6）。

表2.6 风毁的部分桥梁

序号	桥 名	主跨（m）	国家	风毁年份
1	Dryburgh Abbey	260	苏格兰	1818
2	Union	449	英格兰	1821
3	Nassau	245	德国	1834
4	Brighton Chair Pier	255	英格兰	1836
5	Montrose	432	英格兰	1838
6	Menai Strait	580	威尔士	1839
7	Roche-Beruard	641	法国	1852
8	Wheeling	1010	美国	1854
9	Lewiston-Queenston	1041	美国	1864
10	Nigara-clifton	1260	美国	1889
11	Tacoma Narrows	2800	美国	1940

风对交通设施结构桥作用的同时由于结构的振动也改变着风的结构，两者有着一定的耦合作用，是一种受多个因素影响且随时间和空间不同而不断在变化的作用，其作用相当复杂。半个多世纪以来，由于气象学、结构力学、

空气动力学实验等诸多领域专家的不懈努力，风与交通设施的相互作用虽尚有不明之处，但项海帆等已给出了风对结构的主要作用（表 2.7）。

表 2.7　风对交通设施结构的作用

<table>
<tr><th>分　类</th><th colspan="3">作用形式和破坏现象</th></tr>
<tr><td rowspan="3">静力作用</td><td colspan="3">由于风作用产生的内力、应力、变形、位移</td></tr>
<tr><td rowspan="2">静力不稳定</td><td colspan="2">静力矩作用引起扭转发散</td></tr>
<tr><td colspan="2">静阻力作用引起横向屈曲</td></tr>
<tr><td rowspan="5">动力作用</td><td colspan="2">由于气流紊乱产生的抖振</td><td rowspan="2">有限振幅振动</td></tr>
<tr><td rowspan="4">动力不稳定</td><td>涡旋脱落引起涡激振动</td></tr>
<tr><td>驰振</td><td rowspan="3">发散振动</td></tr>
<tr><td>扭转颤振</td></tr>
<tr><td>弯扭耦合颤振</td></tr>
</table>

交通设施的抗风设计目的在于保证结构在施工阶段和建成后的运营阶段能够安全承受可能发生的最大风荷载的静力作用和由于风致振动引起的动力作用。由于自然风引起各种风致振动，在交通设施的抗风设计中要求发生危险颤振和弛振的临界风速与使用期可能出现的最大风速相比具有足够的安全度，以确保交通设施的抗风稳定性，同时把涡激振动和抖振最大振幅限制在可接受的范围内，以免产生结构疲劳和行车不适。风参数取值过高使建设成本增大、设计困难，但取值过低使安全度降低。重要交通设施的抗风设计计算的合理性和全面与否已成为结构安全的关键。

2.1.6　雷暴对交通的影响

雷暴大多数形成于积雨云。每块积雨云覆盖范围一般直径只有数千米，高度约十余千米，单块积雨云的寿命一般只有一两小时。在活跃天气系统如低压槽等附近，积雨云可以连绵不断地产生，因而雷暴影响的范围较大、时间持久。

在不稳定及潮湿的大气中，云层内的水滴及冰粒在对流活动中产生电荷。当电荷累积而形成的电场过大时，云与云之间或云与地之间就会出现放电现象（闪电），放电通道周围的空气会急剧膨胀因而产生隆隆雷声。雷暴发生时，大雨、闪电、雷鸣及狂风经常相伴而来。在某些有利环境里，雷暴可能伴有强劲的柱状涡旋，以漏斗云的形态出现，涡旋接触地面时叫陆龙卷，接触海面时叫水龙卷。涡旋中心附近的气压非常低，并且风力强大。龙卷风经过时，单薄的建筑物可能会抵受不住强大风力及室内室外的气压差而损毁，树木及汽车等会被卷起。在海上曾经有小型船只遇到水龙卷而沉没。陆龙卷及登陆后的水龙卷都曾在香港对建筑物造成破坏，虽然这种情况较为罕见。

有的雷暴还伴有冰雹。

突如其来的雷暴会对户外活动人员构成危险。闪电可能对电力设施造成损毁，引发火灾或因电击导致人员伤亡。除直接电击外，受雷电影响的导体或电器，亦会因感应电击而受损。雷暴中常出现狂风甚至龙卷风，风速骤然增强或风向突然改变，致使船只沉没，雷暴狂风、闪电亦对飞机升降和飞行的安全构成威胁。

2.1.6.1　雷暴的分布特征

我国雷暴日数的分布总体上是南方比北方多、山区比平原多、陆上比海上多。最多的地区是云南南部、海南岛和两广地区，广东南端的半岛被命名为“雷州半岛”足见雷电之多，上述地区年雷暴日数在 90～100 天。青藏高原东部和横断山区北部是全国雷暴的次多中心，年雷暴日数平均有 80～90 天。东部地区 30°N 以北和青藏高原东部 35°N 以北降到 50 天以下（天山、祁连山等山区除外），西北内陆干旱地区少于 20 天。全国平均年雷暴日数见图 2.5（张家诚 1991）。

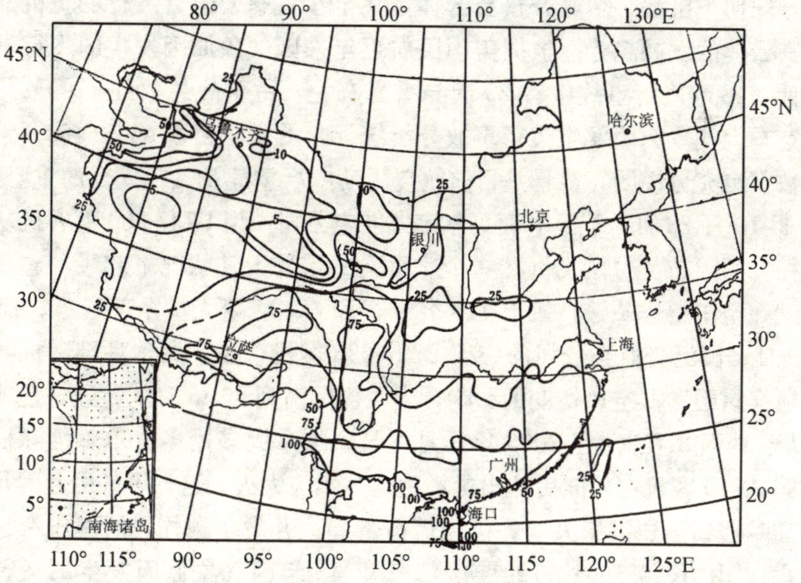

图 2.5　我国年平均雷暴日数分布

雷暴少的地区除干旱地区、高纬寒冷地区外，海洋上因为气层比较稳定，雷暴也比大陆明显减少，如西沙群岛的雷暴日数仅及海南岛和两广地区的三分之一。

我国雷暴最多季节都在夏半年，但最多雷暴期的长度由北向南增加，例如哈尔滨、北京均以 7 月最多，武汉为 7—8 月，广州为 5—8 月，海南岛的海口更长，为5—9月。

大陆上的雷暴主峰发生在午后到傍晚，海上气层夜间比白天不稳定，因此海上夜雷多于昼雷。南方雷频、雷长；北方雷稀、雷短；青藏高原上则雷频而短；沙漠干旱地区雷最少也最短。

2.1.6.2 雷暴对交通的影响

雷暴是飞行中的一种危险天气现象，雷雨云中有非常强烈的上升和下降气流，垂直速度可达20～30 m/s，最大可达50 m/s以上，飞机在雷暴区飞行会产生强烈的颠簸、跳动、飞机积冰，飞机积冰会破坏飞机的空气动力性能和稳定性，严重时会造成飞行事故。闪电时强大的电流通过机身，会引起飞机着火或造成机械结构破坏。除了直接遭受雷击外，在雷暴云中飞行还可能遭到冰雹的袭击，冰雹会直接使飞机受到严重损伤。1985年8月20日，一架“荣新”号飞机在安徽来安县上空遇到强雷暴袭击失去操纵而坠毁。雷雨云的闪电也危及飞行安全，它可使通信设备和电子设备受到干扰，磁罗盘产生误差，使无线电罗盘指示器的指针左右摇摆，甚至会突然指向雷暴所在的方位。因此，任何飞机都必须避开雷暴云体，甚至在雷暴云附近飞行的飞机都必须注意其云体的发展趋势。根据美国民航近年来因气象原因发生的飞行事故分析统计，48起飞行事故中有23起与雷暴有关，占事故总数的47.9%。另据美国空军因气象原因发生飞行事故分析统计，雷暴原因占55%～60%。这些统计数字也充分说明，雷暴是目前航空活动中严重危及飞行安全的重要因素。2005年10月23日，尼日利亚贝尔韦尤航空公司一架B737-200型客机从拉各斯飞往首都阿布贾时，飞机在一个非常强的雷暴天气状况下起飞，起飞3分钟后就在空中爆炸坠毁，机上110名乘客和6名机组人员全部遇难。1982年7月9日美国泛美航空公司的一架B727-235客机，在新奥尔良国际机场起飞时遭遇强雷雨和低空风切变的影响，当飞机爬高到46 m时就坠毁，造成机上145人、地面8人丧生。2005年8月2日，加拿大多伦多皮尔森国际机场一架空客A340客机在着陆后冲出机场跑道并燃起大火，这一事件的起因是飞机在着陆时遇到强烈雷暴天气，机身遭雷击起火并发生爆炸，所幸没有造成人员伤亡。国内民航1951—1991年41年里48起因气象原因发生的飞行事故中：雷暴直接引起的事故有4起，与雷暴有关的复杂气象因子14起，积冰5起，风切变2起，共计25起，可见雷暴对航空交通运输的巨大危害。

雷暴对公路交通的影响同样不能忽视，特别是高速公路迅速延伸，现代通信、监控、计算机技术在高速公路上得到了广泛的应用，公路两侧的加油设施不断增多，一旦遭到雷击，就会造成沿路的通信中断、机电设备受损和人员伤亡，雷暴伴随的冰雹、大风、低能见度直接给汽车运行带来威胁，也会给野外施工人员带来危险。2000年8月，江苏省一公路收费站发生雷击事故，击坏所有车道机，使收费系统瘫痪，几百米外办公楼内的电子设备也受到不同程度的损坏。2005年8月24日，广东陆丰市河西镇广汕公路边的河西加油站遭受强雷暴袭击，致使该加油站的12台加油机、地磅、税控机、配电箱等被击坏，业务陷入瘫痪。2004年11月9日清晨，一场罕见的雷暴袭击北京，07:00—09:00，北京事故报警405起，比前一天同一时段多92起，拥堵报警323起。2007年7月27日20:00许，武汉突然遭遇大风、雷暴、冰雹同时袭击，城区大面积停电，由于交通信号灯熄灭，武昌部分地区交通堵塞严重。另外，高速公路两侧的广告牌耸立在旷野，位置相对较高，易遭雷击并将雷电流经供电线路引入配电房，此类事故已多次发生。

雷暴也是铁路、水上交通安全运营的一大威胁。由于雷电易击高架的电气化铁路的高压动力输电线路，造成供电中断、列车失控，尤其在山坡沿坡下滑时更具危险性。所以在铁路选线时，规避多雷暴区是一个必须考虑的重要因素。雷暴及其伴随的雷电、大风、雷雨同样会给水上交通的船只、人员带来危害，雷暴和强雷雨还能使船舶上的罗盘仪失灵。1804年前后，英国皇家海军与法国海军在英伦三岛海域鏖战数年，据文献记载，英法两国在这场旷日持久的海战中，约有150艘舰船遭受过海上霹雳（雷暴）的袭击，造成了200余人的伤亡，物质损失总计约10万英镑。雷击对木帆船来说也是巨大的祸害，帆船高耸于空中的桅杆成了平坦海面上唯一的突出物，构成了诱导带电积雨云放电的理想条件，所以桅杆常常是首当其冲地遭雷击毁坏，还可能殃及船舶的其他部位以及船载人员或物品，甚至导致沉船、火灾等惨重的灾难。19世纪中叶英国军舰“雷杰斯金斯”号由于遭雷击而引起舰船爆炸，使全体官兵罹难；军舰“苏雷阿姆”号同样遭雷击而被摧毁，舰上官兵伤亡相当惨重。1962年底，英国“阿尔德格林”号轮船不幸沉没，那场海难事故的调查专家分析认为，该轮船遭受没顶之灾的最大可能是遭到了强雷电的袭击。好在随着科学技术的不断发展，类似事故已越来越少，但由于雷电突如其来，现代化的船舶有时也难免不受到它的危害，所以雷暴天气对航海事业造成损害的事件，至今仍不能幸免。

2.1.7 沙尘暴对交通的影响

沙尘暴对公路、铁路交通危害明显，也影响飞机的起降。沙尘暴的形成有三个主要因素：大风、丰富的沙尘源和不稳定大气。一般人印象中只记住了大风和沙尘源，似乎沙漠地区只要有大风就会出现沙尘暴，其实不然。我国北方秋冬季节寒潮暴发时，大风也常有出现。但沙尘暴却集中在春季，因为起沙与否是沙尘暴能否形成的重要条件。空气的水平运动不能直接引起沙尘暴，出现沙尘暴，尤其是强沙尘暴时，天气系统中伴随的上升气流可达几米/秒的量级，有时甚至更强。春季太阳高度角已经较高，沙漠地表升温迅速，此时降水量很少，而北方冷空气势力仍未敛迹，一旦冷空气暴发引起强对流，使大范围的沙尘粒向上输送并随大风东移，形成沙尘暴。

沙尘暴对交通危害主要有以下几个方面：

(1) 低能见度。特强沙尘暴被称为“黑风”。黑风到达时风沙遮天蔽日，白昼犹如黑夜，能见度可降到 50 m 以下。交通部门认为强沙尘暴对能见度的影响仅次于浓雾。

(2) 很强的摧毁力。强风暴裹挟着沙尘、石子，对交通工具、交通设施、通信设施、电力设施等都有很强的摧毁力。沙尘暴对路基的风蚀作用也很严重。

(3) 沙体移动。沙尘暴能形成沙埋、流沙埋积、沙丘移动，使交通中断。

(4) 影响无线电系统使用效果。沙尘暴所携带大量沙尘粒子的散射和吸收，导致信号能量衰减；沙尘粒子的不规则与粒子空间取向有一定分布规律，造成信号的交叉去极化效应；沙尘暴对毫米波能产生折射和绕射以及沙尘粒子纵向分布的不均匀性，引起信号的多径传播；沙尘在天线上沉积，导致信号增益衰减、方向图畸变和交叉去极化效应。

2002 年 3 月 19 日，阿富汗塔兰·科特社区天气十分恶劣，尘沙飞扬，美军一架 MH-53 直升机降落时遇到很大困难，飞机尾部受损，至少 3 名机组人员受轻伤，这架 MH-53 直升机几乎被尘土裹了个严严实实。2006 年 4 月 9 日 19:00 许，从乌鲁木齐发往北京的 T70 次列车运行到小草湖至红层之间时遭遇特大沙尘暴袭击，沙尘暴卷起的沙石将车体运行方向左侧窗户玻璃全部损坏。2006 年 4 月 10 日 18:00—23:50，因沙尘暴恶劣天气突如其来，丹拉高速公路包头段发生 11 起交通事故，6 人死亡。当晚 19:00 左右，由于能见度不足 20 m，丹拉高速公路包头西收费口以西 5 km 处发生两车追尾事故，两车翻下路基，3 人死亡。随后，该路段又相继发生 2 起重大事故，3 人死 亡。2007 年 2 月 28 日 01:55 左右，从乌鲁木齐驶往阿克苏的 5806 次列车遭遇特强沙尘暴，11 节车厢被狂风推翻。2007 年 4 月 2 日，甘肃省瓜州县遭受了近 3 年以来最大的强沙尘暴袭击，最低能见度不足 50 m，整个县城笼罩在漫漫“黄雾”之中，瓜州县境内交通事故频发，4 月 2 日上午在嘉峪关至瓜州的高速公路上接连发生 5 起交通事故，造成 2 人死亡，8 人受伤，10 多辆车的挡风玻璃被打碎。

从上面这些沙尘暴引发的事故可以看出其威力非同一般，必须引起有关方面的重视。我国的沙尘暴天气主要集中在北方地区，南方几乎没有。多发区在以和田、民丰为中心的南疆盆地及附近地区，以民勤为中心的河西走廊、阿拉善高地到腾格里沙漠地区；华北和青海柴达木盆地也是两个沙尘暴相对较多的区域。

2.2 气象灾害对城市交通的影响

随着城市经济建设的发展和城市现代化进程的加速，城市机动车辆快速增加，因而城市交通事故的发生也呈现迅速上升趋势。城市交通事故发生的原因是错综复杂的，包括城市道路状况、人口的稠密程度、车辆来往的多少以及驾驶人员的素质和城市交管部门的管理力度与水平等。但是据城市交通事故发生的成因分析统计，很大部分是与当地的天气条件、气象因素有关。影响城市交通的气象灾害主要有强降水、暴雨形成的积涝，浓雾造成的低能见度，降雪、积雪造成的行车堵塞，强风刮倒行车道旁的大树、广告栏、输电线杆等也阻断了交通。

2.2.1 四季和阴雨天城市交通事故率的分析

江苏省气象局与南京市交警支队合作，通过交警支队提供的1990—1994年共2805件事故（包括有人员伤亡的重大事故854件，一般事故1951件）资料，分析了事故发生的天气气候背景——季节和晴天、阴天、雨天等在城市交通事故中所占比例得到如下统计结论。

2.2.1.1 四季与交通事故发生率

南京一年四季的气候有着显著的变化，“冬严寒、夏酷暑”是南京的气候特点，又由于南京的春、秋天是旅游的旺季，流动人口激增也是造成城市交通事故增多的原因，表2.8列出事故等级在各季、天气状况下的分布。

从上表可见：在春、夏、秋、冬四季中，秋季发生的事故最多，占总数的28.8%，冬季占总数的22.8%，春季占总数的24.4%，夏季占总数的24.0%。而重大事故的季节发生率也是秋季最高，占31%。

由此可以认为：虽然南京的秋季“秋高气爽”，但由于处在旅游旺季，人员流动剧增，车辆运营也剧增，秋季又是浓雾和冷空气南下最多的季节，造成交通事故多发。因此要提醒交管部门不能因秋天既非严寒又非酷暑而忽略了对人员聚集的商场、车站码头、旅游景点等公共场所人员与车辆的疏通，以减少城市交通事故的发生。

表 2.8　南京各季交通事故统计表

事故数＼天气 季节	晴天		阴天		雨天		总计		总事故
	重大	一般	重大	一般	重大	一般	重大	一般	
春季	141	370	25	45	42	62	208	477	685
夏季	156	342	11	32	35	96	202	470	672
秋季	212	410	22	48	31	86	265	544	809
冬季	144	327	21	46	24	77	189	450	639
合计	653	1449	79	171	132	321	854	1951	2805

2.2.1.2　天气状况与交通事故的发生率

从表 2.8 中还可以看出，雨天的事故高于阴天，尤其是夏季，雨日的事故（重大、一般）发生数量是阴天的 3 倍多，这与夏季突发性阵雨多、雨势强造成马路路面摩擦系数减小、强降水造成能见度急降和挡风玻璃雨刮器失效等有关联。另一方面，从冬季进入春季，雨天最易发生重大交通事故，春季雨天的重大交通事故比冬季增加 14%，而从阴天转雨天时事故也增多，尤其是夏季更明显。

2.2.2　强降水、洪涝积水对城市交通的影响

强降水、洪涝、积水对农业生产的危害早已众所周知，但随着社会经济的发展和城市化的进展，许多沿江、湖滨和海滨以及依山傍水的城市都经常受到强降水、洪涝的威胁。尤其是基于城市化的不断扩展，城市排水系统紊乱、排泄不畅、河道受阻，更易造成城市交通干线积水从而诱发交通事故。

2.2.2.1　暴雨—强降水对城市交通的影响

据调查统计，只要短时的强降水（1 小时＞15 mm）就能造成城市交通干线积水，当积水达到 20 cm 时，行人步行困难；积水超过 30 cm 时，自行车和小汽车行进受阻；当积水超过机动车底盘时，即造成机动车熄火抛锚，由此引起城市交通的拥堵甚至瘫痪。暴雨—强降水使城市交通瘫痪，除了降水强度外，还与城市的排水能力密切相关。一些老城区的排水管网陈旧、原有河道堵塞废除，而排水管道的改造、更新又跟不上城市规模的扩大，同时，城市不透水面积迅速增大，发生暴雨后造成城市街道严重积水。如 2003 年 7 月 4 日 20:00—5 日 20:00 南京陡降特大暴雨，24 小时总降水量达207.2 mm，破 1905 年以来南京日降水量 198.5 mm（1931 年 7 月 24 日）的历史纪录，造成市内严重积水，马路积水盈尺，个别地段积水 50 cm 以上，汽车熄火抛锚，行人涉水行走。又如 2004 年 7 月 10 日下午，北京大雨滂沱，两小时内全市 4 条交通要道和部分小区被淹，积水最深达 2 米多，20 多个主要交通路段严重

堵塞。

2.2.2.2 突发性洪涝对城市交通的影响

许多沿江、沿海、沿湖或依山傍水的城市，即使是位于平原的城市，都经常会遭受到洪涝（包括积水）的威胁。

受洪涝侵袭比较突出的城市与它所在的地理、地貌密切相关。如傍山型城市，易受较大降水和融雪时形成的山洪、泥石流、滑坡等气象灾害影响，造成城市交通堵阻；又如沿江型城市，它靠近大江大河，易受江、河汛期洪水泛滥、决堤影响而造成城市交通的瘫痪；再如海滨城市，地势低平，一旦受到台风、入海温带气旋等向岸强风的影响，若又恰遇天文大潮的顶托，则极易引发严重的风暴潮与洪涝灾害。国内外受洪涝影响而造成城市交通全面瘫痪的例子屡见不鲜。如 2002 年 8 月，捷克首都布拉格市河水暴涨，洪峰流量相当于 500 年一遇，洪峰水位比正常水位高出 7～8 m，沿河地带普遍进水受淹，低洼处积水深达 3～4 m，市内三条地铁均成了地下河，直到第二年 3 月才完全恢复通车。又如 1983 年 8 月四川安康大洪水入侵城内时，正是由于交通阻塞城市出现混乱，不能及时将城内居民全部撤出，以致造成 800 多人死亡。再如 1994 年 6 月，北江、西江特大洪水，广东全省 15 个城市遭受洪水侵淹，水深一般达 2～3 m，最深处达 4 m，城市交通全面瘫痪。

2.2.3 浓雾对城市交通的影响

浓雾除了对公路交通、航空、航运等造成影响外，同样也能对城市交通造成严重影响。据调查，对城市交通造成影响的浓雾其能见度通常在 200 m 以下，当能见度＜50 m 出现强浓雾时，则将造成公交车等交通工具的严重滞阻和堵塞。

随着城市规模的扩大和工业、交通的发展，使城市及周边的大气污染日趋严重，从而导致霾日和雾日的增多，加剧了城市能见度的下降。有时在城市上空先是出现持续性的霾，而后在有利成雾的气象条件下，出现雾、霾并存的现象，当湿度进一步增大又形成能见度很低的突发性浓雾。这是因为现代化城市上空空气污染严重，由非水成分组成的气溶胶形成的霾，其极细小的微粒正是近地层水汽成雾时所需的凝结核。

2.2.3.1 浓雾对城市航空的影响

浓雾笼罩航空港，致使飞机无法正常起降，造成大批航班取消，致使大量旅客滞留。此外，由于浓雾进出港周边的高速公路被迫关闭，造成旅客误点、误机。如 1994 年 2 月 17 日，北京出现能见度＜50 m 的强浓雾，首都机场因雾关闭 30 多小时，影响客运、货运 250 架次，滞留旅客 1.6 万人，经济损失 200 多万元。又如 1996 年 12 月 25—31 日连续浓雾笼罩上海，上海始发的国际、国内航班共停留延误 437 架次，10 多万旅客出行受到影响。

2.2.3.2 浓雾对城市航运的影响

浓雾是港口城市、沿江城市的灾害性天气，海口、港口附近水道狭窄，船只停泊密度大、往来频繁，浓雾时不能预先辨识对方，很易迷失航向而发生碰撞，造成沉船、人员落水事故。有些沿江、沿湖城市，一旦浓雾弥漫影响渡船的开行，稍有疏忽造成翻船等航运事故。如 1987 年 12 月 10 日上海浓雾锁江，黄浦江轮渡全线停航，浦东陆家嘴轮渡停航四个多小时，积滞乘客 3 万余人。当雾消开航时，乘客蜂拥上轮，相互挤踏，造成死亡 16 人、伤 70 多人的惨剧。

2.2.3.3 浓雾对市内交通的影响

浓雾对市内交通的影响，在上、下班高峰时段更为严重，能见度<50 m 的强浓雾，造成公交车的拥堵误点，大量的人员步行上班又增加了街道路口的阻塞，因强浓雾有时连交通信号灯都模糊不清无法辨认，更容易造成交通事故。如 2007 年 12 月 19 日清晨南京出现入冬以来的一场浓雾，一直持续到 20 日 14:00，浓雾持续 33 个小时，江苏省气象台在两天内一共发布、变更 9 次预警信号，其中发布 3 次大雾红色预警信号，红色预警高悬 8 小时。南京市区笼罩在一片茫茫云海之中（图 2.6）。

图 2.6　2007 年 12 月 19 日清晨南京市区的浓雾景象

2.2.4 降雪、积雪、冰冻对城市交通的影响

降雪、积雪、冰冻主要发生在冬季，受其影响的主要是北方城市。当冬季强冷空气暴发南侵时常伴有降雪、冰冻等天气发生，而由强冷空气引发的暴风雪又常常形成城市街道深厚的积雪。

降雪、积雪、暴风雪对城市交通的影响主要显现在街道，降雪、积雪后经车辆碾压易结冰，减小了车轮与路面的摩擦系数，致使车轮打滑，诱发交通事故。如当路面积雪 5～10 cm 时，车轮打滑，必须减速行驶；积雪厚度达 30 cm 以上，由于阻力很大，会造成城市交通瘫痪。尤其当降雪被碾压结冰后，路面比积雪时更滑，更易发生交通事故，包括自行车、行人摔伤等伤害事故。如 1991 年 12 月下旬上海普降大雪，雪深 5～10 cm，积雪 3 天未化，路面严重结冰，29 日最低气温达−8℃，虹桥国际机场、高速公路和市内大浦大桥封闭。仅 27 日一天就发生百余起道路交通事故，滑倒骨折病人猛增至平常的近 10 倍。

有时即使是小雪，也会因路面结冰而导致市区交通瘫痪。如 2001 年 12 月 7 日北京市一场小雪后突然降温，路面结冰，高架立交桥由于路面结冰打滑，汽车爬不上，扫雪车、交通指挥车、排障车都被堵在本单位院内出不来而无所作为，以致造成北京市交通瘫痪。

降雪尤其是大到暴雪，会影响能见度。在北方城市出现暴风雪时，常使能见度降至 100 m 以下，加上挡风玻璃受积雪影响，驾驶员的可视距离会降至 20～50 m，对市内行车造成严重影响。吉林省气象科技开发中心关于主要天气现象对交通的影响与危害进行了归纳和总结（表 2.9、表 2.10）。

表 2.9 降雪造成的积雪对城市交通的影响

降 雪	路面情况	对交通影响
小 雪	路面积雪随风飘，背风洼处少量积雪	路况复杂，但对交通影响不大
中 雪	积雪覆盖地面	影响行车和刹车
大 雪	路面积雪	限速慢行
暴 雪	深厚积雪，严重时形成雪阻	行车困难，交通受阻
雨夹雪	冰水混合，降温形成冰面	行车困难，刹车失阻，行车失控

表 2.10 降雪造成能见度下降对城市交通的影响

降雪	能见度	对交通的影响
小雪	1～2 km	一定影响，不利于高速行驶
中雪	0.5～1 km	显著影响，减速行驶
大雪	0.2～0.5 km	显著影响，限速行驶
大一暴雪	50～200 m	严重影响，尽量减少出行，低速慎驶
暴雪	＜50 m	行驶困难，严重阻塞甚至瘫痪

因此，城市交管部门要制定雪天扫雪、除雪疏导交通的应急预案，在接到气象部门降雪、道路结冰等预警信号后，首先应向市应急指挥部及交管局

等应急响应单位通报。一旦降雪，立即组织融雪融冰，部署巡逻，对除雪、融雪作业车辆配发专用频道无线通信设施和颁发专用通行证。

如南京市在2004年颁布了“南京扫雪防冻方案”，在2008年元月又发出了“南京市2007—2008年度扫雪防冻工作方案”，用四级扫雪预案应对可能出现的降雪天气。四级扫雪预案分别为：气温1℃以上，降雪量2 cm以下，市、区扫雪防冻机构将组织责任单位及沿街店家、小区物业管理单位等及时扫雪，环卫部门应出动洒水车进行冲水化雪，当日下午5点前须完成扫雪任务；气温−2℃以上，降雪量2 cm以上，市、区扫雪防冻指挥部应启动工作网络，按要求完成各自责任段的扫雪任务，当日下午4点前须完成扫雪任务；气温−2℃以下，降雪量3 cm以上，市、区扫雪防冻指挥部全面动员各有关单位参加扫雪，将责任落实到路段，对重点路段及交通节点，应实施撒盐化雪，启用机械清雪，园林部门清除相应的树木积雪，驻宁部队出动力量支援扫雪；气温−5℃以下，降雪量10cm以上，市、区扫雪防冻指挥部每日应组织两次以上扫雪以防积雪成冰，实施撒盐化雪，组织机械和突击队扫雪，市扫雪防冻指挥部组织突击队支援重点地段，并视情况关闭部分道路或实施交通管制。另外，市政、园林、房产等部门将各司其职，保障水电气、树木、危旧房等安全。

2.2.5 强风对城市交通的影响

强风对城市交通的影响一年四季都有，从产生强风的天气系统和季节性分析：冬春多寒潮大风，初夏到秋天多台风，春季多气旋大风，夏季又多雷雨大风。

2.2.5.1 城市风灾的特点

对城市交通有危害的强风，通常指8级以上的狂风。强风可以使正在行驶的车辆失控、自行车被掀翻；强风又往往挟带或吹起沙、尘影响能见度，尤其是突发性强风很易造成交通事故。

影响城市交通的强风具有明显的地域性和季节性。如北方城市冬春的寒潮大风，风力一般可达7～8级甚至10级以上，出现频率高、持续时间长、影响范围广，对城市交通影响大；而南方尤其是南部、东南部的沿海城市在夏秋季节常常受到台风的影响，风力通常可达8～10级甚至11～12级，且强风维持时间长，对城市交通有严重影响；而内陆城市在夏春之交极易突发雷雨大风和风雹灾害，短时阵风可达10～11级甚至达12级以上。雷雨大风（包括飑线）具有突发性和瞬时性，来势凶猛，往往是雹云所致，顷刻间狂风大作，飞沙走石，大雨滂沱，狂风刮倒马路两侧的行道树、广告牌等，使正在行驶的车辆措手不及，酿成交通事故。

2.2.5.2 城市建筑对风灾的影响

大城市拥有大量的高层建筑，高层建筑通常位于街道两侧，道路犹如高山之间的峡谷，当气流通过街道时就会产生“峡谷效应”，尤其当盛行风向与街道走向一致时，由于“峡谷效应”使风速突然增大，风道出口处的风速可增大3倍，形成城市风急流。交通工具在通过两侧高楼的风道出口处与增速气流垂直穿越时要谨慎驾驶，谨防侧翻酿成交通事故。

2.2.5.3 减轻风灾对城市交通影响的措施

重视城市建筑的规划设计，合理规划城市主干道两侧的高层建筑的间距、高度，错落设置；在高层建筑周围适当修建绿地广场，减少城市成排高层建筑群形成的峡谷效应和城市风急流。

植树造林，在城市街道两侧植树是避免和减轻风害的生态工程措施，要选择具有抗风性强、根系发达的树种，以降低城市风对交通的危害。

2.3 气象灾害对现代交通的影响与日俱增

我国交通的变化和发展日新月异，随着经济的快速发展、人民生活水平的提高，人流、物流迅速增长，高速公路里程不断延伸，空运航班、航线更加密集，列车运行不断提速，居民拥有汽车等交通工具数量不断增长，内河、海域运输更加繁忙。为满足经济社会发展，一些超大规模的交通设施开工建设或投入运营，交通信息传输及交通管理也开始进入电子自动化时代。交通的快速发展，给人们的生活带来极大的便利，大大加快了经济社会的发展。交通正在加快着现代化建设步伐，这也使得现代交通对气象灾害更加敏感，同样程度的气象灾害，在当今给交通带来的影响会更大。二三十年前，人们很难听到数十辆汽车连续相撞的报道，也很难听到一个路口信号灯损坏后不到半小时就会造成严重的路堵。随着整个交通运输系统有效运送量的提高，恶劣天气以及与天气相关的路况对公路运输的经济和安全影响将增加，会使交通运输系统变得越来越紧张。

与此同时，由于大气污染程度加剧、城市迅速扩展、大面积下垫面状况的改变等人类活动影响，气候异常的变幅在加大，异常天气的变幅和频率均在增大，各种极端天气气候事件不断出现，一些气象记录的极值不断被刷新。以南京为例，自1905年有气象记录以来，年降水量的最大值（1991年1825.8 mm）和最小值（1978年534.6 mm）都出现在近30年里；南京1905—2002年的最大日雨量为198.5 mm（1931年7月24日），但在2003年7月5日南京的日降水量打破了百年以来的极值，达207.2 mm。类似的突破历史纪录的天气异常事件在报纸电视的报道中也并非偶见。无疑，不利的天气气候事件给经济社会发展及人民生命财产带来严重威胁的同时，同样加剧了对现代交通的影响程度，增大了交通气象灾害发生的频率和危害的程度。可以预计，在未来的10～20年里，这种影响还不能得到有效的遏制。

假设某地交通气象灾害出现的概率为P，人流量为M，物流量为W，那么最简化的可能形成的交通气象灾害损失指数Z为：

$$Z=(M+W)\cdot P \tag{2.1}$$

若设P为定值，Z随着人流、物流的增大而增大。显然，Z还与途中所花费的时间（t）有关，同样的路程原来花2天的时间，现在有了高速公路、火车提速等只需1天即可到达，遇到气象灾害的可能性就减少了一半，所以上式可改写为：

$$Z=(M+W)\cdot P\cdot t \tag{2.2}$$

可见交通现代化不仅提高了运输的效率，也同时会减少遇到交通气象灾害的可能性。为了减少不利气象条件的危害，又在改善交通设施（如拓宽路面）、加强对气象灾害的监测预报、提高交通管理和服务水平，综合这些因素，可称为交通服务能力K，则Z随着K的增大而减小。

$$Z=(M+W)\cdot P\cdot t/K \tag{2.3}$$

若不仅仅讨论一条线路，再考虑到航线的增加、公路铁路里程的增长，对于交通总量而言：

$$Z=\sum_{i=1}^{n}(M_i+W_i)\cdot P_i\cdot t_i/K_i \tag{2.4}$$

从上式可以看出，随着现代交通的发展及人流、物流量的增加，不利天气对航运货物以及铁路运输、公路运输、管道传输、航空运输等交通系统产生的影响会不断加大。这些影响使运输时间延长、运输可靠性下降、运输效率降低和货物运输费用增加。

在上述讨论中，人流物流的增大、航线和公路铁路里程的增加与延伸都是不可逆转的发展趋势；降低气象灾害的出现概率和严重程度在一个相当长的时间里还难以实现。从这个角度看，气象灾害对现代交通的影响是与日俱增的。然而，人们也正在从提高交通现代化的水平、提高交通的管理和服务水平两个方面来促进交通的安全与畅通，即促使t减小、K增大，以达到Z稳定并逐渐趋小的目标。可见交通气象工作任重道远，需要交通和气象部门的共同努力，也需要广大人民群众的认知和参与。可喜的是，气象科学与环境科学的极大进步，以及计算机与数字通讯的技术革命，为交通气象的发展提供了新的途径和技术，将会有效地降低气象灾害对交通的影响。

第3章 交通工程气象灾害影响的评估

气象灾害对航空、铁路、公路、航运、管道交通乃至交通服务的设施、信息、地勤系统产生不利影响，这种影响因地域、季节、灾种、交通条件的不同差异明显，轻则影响交通通畅，重则导致重大交通事故，给国家和人民的生命财产带来损失。对交通气象灾害的防御，最基础的工作是要全面了解运输沿线的天气气候情况，恰当地就沿线气象灾害对交通可能产生的影响作出评估，从而为交通工程规划、设计、施工及运营，提供防御气象灾害的基础信息。交通工程气象灾害影响的评估主要通过交通工程区的气候背景调查、重点区域或地点的现场气象要素监测等进行研究分析，作出气象灾害可能影响的评估，并给出工程使用期内的极端气象参数等来实现。

3.1 交通工程区气候背景的调查分析

我国幅员辽阔，地理环境复杂多变，各地、各区域因地理环境的不同，气象灾害的灾种、时空分布、频率、强度及影响程度存在明显的差异，即使在相同的气候条件下，因局地特殊的地理环境（如河流、山谷等）效应，也会产生一些具有局地特征的气象灾害（如团雾、峡谷风）。而交通工程一般绵延百千千米，跨越江河、湖泊、山川，面临着各种气象灾害的威胁，交通工程区气候背景调查分析是工程规划、设计、施工、运营、管理以及驾乘人员掌握沿线气象灾害的重要手段。

3.1.1 交通工程区气候背景调查的重要意义

随着经济社会发展，交通工程建设项目日益增多，建设规模也越来越大，大型交通工程尤其是骨干线路建设长达数千千米，穿越不同类型的气候区，很多重大交通工程区的天气气候条件非常复杂。从工程建设持续时间来看，重大交通工程建设一般都会持续数年或更长时间。毫无疑问，无论是工程建设还是交通运营均会直接受到不同天气气候因素的影响，并可能面临各种气象灾害的威胁。重大交通工程的建设从勘察、规划、设计、施工到建成后的运行管理，都与其经过地区的温度、降水、大风和高寒冻土等有着密切的关系，气象问题渗透到交通工程建设、营运的各个环节，稍有疏忽就可能造成难以挽回的重大损失。

交通工程的建设、运营过程对天气、气候的敏感性表现在多个方面：工程的规划选址、设计方案的确定、建设原材料的选取、施工质量和安全的保证、施工计划及施工工效、运输过程管理、投资效益分析、灾害防御与应急措施、劳动力价值等均受大气环境、天气、气候条件的直接影响。同时，由于交通线路各段的地理环境差异、海拔高度不同，天气气候对它的影响亦不同，如何恰当设定防御标准，采取必要的防范措施，既要避免防御过当大幅度增加投资，又要防止防御标准过低而给工程建设、运营留下安全隐患，这些决策和计划都要依赖于对工程区气候状况的全面了解，依赖于对工程区气象条件的科学评估。如机场的选址应尽量选择气流比较平稳、对流性天气相对较少或强度较小、雷击少发、低能见度天气少的区域，若选择不当，就可能经常出现航班延误，降低机场投资效益，增大飞行事故发生的概率。如果交通工程必须经过一些气象条件恶劣地段时，设计中则需考虑防御措施，如在新疆的“三十里风区”需设置警示牌、风障，加强气象环境监测、预警，限制车速等。

浓雾、暴雨、大雪、大风等恶劣天气以及衍生的气象灾害已经成为交通安全的“杀手”，工程建设及运营过程中，工程设施能否在使用期经受住当地各种极端天气气候灾害的袭击，交通运输能否在恶劣天气条件下保证安全、通畅，建设投资能否在预定周期内回收，这些类似与工程区气候条件有关的问题均需要在充分了解工程区气候背景的基础上才能得以解决，不考虑工程沿线气象因素的影响，必定留下事故隐患，达不到预期的目的。

多年来，我国交通工程建设及运营气候背景调查工作由于未形成制度化、规范化，存在不少问题，亟待加强和完善。在一些重大的交通工程建设项目中，未充分考虑工程区的气候背景，在工程选址、施工及运营中不同程度地出现了一些气候与环境问题。特别是有的交通工程建设项目前期气候背景调查不充分，对交通工程区的气候背景了解不清楚，对气候变化给交通工程所造成的影响估计不足，未按照当地天气气候背景采取必要的防御措施，当出现气象灾害时，给工程建设、运营和生态环境带来了严重危害，造成重大经济损失和人员伤亡。如包兰铁路西段兰州东的桥涵，由于对当地洪水的估计不足，设计中桥孔数量及孔径不足，1956－1958 年施工过程中就发生了洪水淹没村庄，造成人畜伤亡、路基损毁事故；交付运营后，1959—1962 年期间，因水害中断行车 74 次，损失惨重。

因此，为了减少气象灾害对交通工程的影响，增强工程应对各种气象灾害的能力，必须加强交通工程立项前的气候背景调查，保障工程的建设与运营安全。任何一项重大交通工程建设在正式确定之前，都必须对工程区进行气候背景调查，并以此为基础开展气候可行性论证，不仅要考虑气象灾害对交通工程建设的可能影响，还要从环境保护、防灾减灾等角度考虑交通工程建设对气候和环境的可能影响；从气候资源合理开发利用角度，建立交通工程项目的气候可行性评价系统，结合区域气候的特点，提供航空、航运、公路、铁路、桥梁等交通工程项目气候环境条件的背景分析，提高项目规划、选址的科学性和施工建设、营运期间的安全性和可靠性，减少气象灾害引发的安全事故。

3.1.2 交通工程区气候背景的调查方法

气候背景调查分析对交通工程规划、设计、施工和运营至关重要，它直接影响交通安全、通畅，影响其效益的发挥。那么如何开展交通工程区气候背景调查，才能达到预期的目的呢？根据江苏省气象科学研究所多年来从事交通工程区气候背景调查分析的工作经验，可将调查分析工作分为以下几个部分（阶段）：

（1）充分的沟通。虽然总体来说，影响交通工程的主要气象灾害包括暴雨及其诱发的山洪、滑坡、崩塌、泥石流，雷暴、浓雾、冻雨、积雪、结冰、龙卷、台风、大风、湍流、沙尘暴、高温、低温、风暴潮等，但不同的工程有其各自不同的特点，因其时空尺度的不同、性质不同，对气象灾害的敏感程度和影响程度也有所不同，即便是相对于同一工程而言，不同的阶段对气象条件的要求也各不相同。比如京九铁路贯穿我国南北，长江中下游至华南地区暴雨洪涝灾害极为严重，加之这一带地形、地质条件的特征，暴雨常引发滑坡、坍塌、泥石流，严重危及京九铁路的正常运营。在可行性论证中对气象条件的调查阶段，建设方应更加关注沿线暴雨、洪水以及由其引发的滑坡、坍塌、泥石流的情况，包括发生的时间、地点、影响范围、程度及发生的概率等，以便据此适当调整路线规划或采取必要的防洪避险措施。青藏铁路是铁路建设史上的一个创举，它的修建受到气候变暖影响下的冻土环境变化的极大挑战，冻土退化、年平均地温升高、地下冰融化、多年冻土厚度减薄等都会直接影响和威胁青藏铁路路基、桥涵、大中型桥梁地基、旱桥地基等的稳定性。另外，气候变化也将引起铁路沿线多年冻土退化、草场退化、沙漠化、工程环境的破坏。气温的升高直接影响冻土工程环境，对于正在营造的建筑物，将增大冻害的破坏强度和数量，而对于拟建的建筑物，这种不稳定的寒区工程环境也将增大建筑物设计原则的选取及冻土稳定性的确定难度，使寒区建筑物的工程设计面临着复杂的气候研究工作。因此，在全球变暖气候背景下，青藏铁路沿线多年冻土变化的趋势和影响，成为青藏铁路修建过程中气候可行性设计论证中必须考虑的一个重要因素。对于超长大跨径大桥而言，风的影响至关重要，桥梁设计风参数的正确取值，直接影响工程投资及工程使用的安全性。为此，类似桥梁的抗风设计应更加关注桥位风况及其影响；而在大桥施工阶段，长悬臂和水上施工更应关注风暴潮的影响，建设者需要知道大风及风暴潮的时间分布，据此合理安排施工计划，减少不利气象条件的可能影响。在港口工程的设计和建设时，首先要考虑风的状况，如各风向频率及各风向的最大风速、热带风暴登陆时的来向和强度等。在进行航海线路工程设计时，除了考虑陆地、半永久性冰厚、暗礁等不变因素外，洋面上的主要气象灾害，如大风、低能见度和流冰等是必须考虑的。

因此，交通工程气象调查分析人员必须了解各类气象灾害对交通工程建设、运营的可能影响，并在正式开展气象调查前与工程建设方以及设计、施工方进行充分的沟通，了解拟建工程的地理位置、各路段工程结构的特点、对气象灾害的敏感程度、运营安全要求等，并做好跟踪随访，及时掌握新的变化。这样，才能避免气象调查分析的盲目性，防止因对需求不了解，仅围绕气象开展调查，致使调查缺乏针对性，造成人力、物力的无谓浪费。

（2）有效的规划和设计。交通工程气象调查分析有时因工程进展的需要，或收集、研究当地气象状况的需要，调查分析可能持续数月、数年。有的工程项目往往提前10多年就开展气象观测，积累有关气象数据。同时，由于调查可能涉及的范围广，参与人员多（有时可能涉及多个部门），工作任务交叉，因此，对交通工程气象调查分析进行有效的规划、设计，编制工作大纲就显得尤为重要。

一般的交通工程气象调查分析工作大纲应明确开展工作的目的、意义，工程规划、设计等部门对气象调查的需求，调查研究拟开展的工作内容，采用的各种技术思路、工作方法、实施依据，统一技术标准、观测规范，预期可能取得的工作成果，以及工作计划进度和人员分工等。必要时应邀请相关专家对工作大纲进行评审论证，在论证的基础上，汲取专家建议，修改完善工作大纲，以确保调查分析工作的可行性、科学性和调查分析结果的有效性。

（3）完整的资料收集。对拟建交通工程沿线或周边气象状况作出全面、客观的分析，需依赖于对其沿线或周边气象信息的完整收集。资料收集不仅要收集邻近国家、部门所设气象观测站的观测资料，而且要收集水文站、生态站等与气象密切相关的资料，也要查阅当地档案、民政等部门所记载的灾情资料。不仅要收集历史观测记录，而且要收集观测台站的沿革资料，包括观测起止时间、观测地点变更、观测仪器变化、观测制度变化、台站海拔高度、观测仪器高度、观测环境变化等，还要收集气象灾害对当地的影响情况，为后续确定资料可靠性、规一化订正处理及评估灾害影响程度提供依据。

(4) 必要的野外踏勘。拟建工程可能跨越特殊的地理、地貌，沿线或周边可能存在一些特殊的天气气候，而这些区域的天气气候特征一般不一定是当地的气象观测站资料所能代表的，如新疆达坂“三十里风区”，这些特殊区域的不良气象条件由于不能直接反映在常规气象观测记录中而被人们所忽视，而恰恰这些特殊区域的异常天气对交通形成严重影响。其原因之一就是对这些区域缺乏足够的认识，防御措施无法到位，灾害来临往往措手不及。因此对交通工程沿线或周边开展必要的野外踏勘，找出这些有可能与气象站气象状况存在明显差异的地段是非常必要的。当然，野外踏勘是一项艰苦而要求较高的工作，必须具有相当的工作经验和责任心才能完成。

(5) 特殊的现场观测。特殊地理环境可能造成特殊的中小尺度天气特征。正如前文所述，这些特殊天气特征有时会表现得尤其猛烈，给交通工程建设、运营带来意想不到的影响。这些区域的气候状况到底如何，不能只满足于定性的描述，需要对现场进行设点观测。有些工程对气象因素十分敏感，气象参数的取值大小直接影响工程设计和运营安全，而这些工程又必须建设在该区域，如大跨径桥梁往往建设在大江、大河、海峡、山谷区域，这些大桥由于其高、长、柔、大的结构特性使得其施工、运营对气象条件十分敏感。这些区域一般与标准场地的内陆气象观测站存在较大差异，尤其是一些特殊的设计气象参数并非是常规气象观测的内容。此时，工程区气象状况到底如何，设计气象参数如何取值，这些问题的回答需要在这些区域临时设置气象观测站开展观测和研究，以深入了解工程所在区域的特殊气象状况。

特殊气象观测站测点的选择必须具有代表性，不同测点之间的观测资料可以相互比较。也就是说，测点应该设置在那些对本工程区来说最具典型的地段上，该地段的细致局部特征可以通过特征点上的观测资料加以研究。特殊气象观测站测点一般分为三类，即基本点、辅助点和对照点。基本点选在工程区最典型的区段，基本点的观测项目应较为齐全，而观测辅助点一般设在工程区基本点的另一端（如河流、峡谷的对面），辅助点的数量、位置可以根据工程区地理状况进行适当增减，其观测内容可视具体情况适当减少。

由于任何工程前期的野外观测都不可能持续很长的时间，因此，测点位置同时应考虑临时野外观测资料与具有长序列气象资料的气象台站的联系，即同时在附近气象台站设立同步观测站，采用相同仪器进行同步观测（这个选定的气象台站即是观测的对照点）。这样，就可以将工程区的短序列野外观测资料与邻近气象台站的资料进行对比，分析其异同，建立两者间的关系，并据此将短序列资料订正为长期资料。

特殊的气象观测仪器必须选用符合气象观测要求的仪器，安装前须进行仪器检定，必要时还应该安装备份设备。同时，观测塔等基础设施的建设必须牢固，以确保观测的连续性和数据的可靠性。

另外，由于条件的限制，工程区内一些关键的区段甚至连定点观测都无法实现，如江海湖中央、峡谷地上空工程设施高处，此时，则可采用一些流动辅助观测来获取几天甚至几小时的资料，为研究这些区域与基本点气象状况差异提供基础数据。

（6）辅助的调查手段。一些工程区的气象灾害状况，仅仅通过查阅气象、水文资料难以反映其全貌，尤其对那些发生在气象观测站以外的中小尺度天气（如龙卷风），由于其发生范围小、时间短，记载会有遗漏，有些人迹罕至的区域遗漏可能更多，这需要通过一些辅助调查的手段进行调查分析。例如，对当地有经验的老人进行调查访问，根据自然物候现象反推历史气候状况，对龙卷等级分类采用根据现象描述进行多位专家综合打分评定，根据树木年轮密疏推断当地降水情况等。这些辅助调查有助于对工程区气象状况的细致了解。

（7）合理的统计分析。在获得交通工程沿线及周边区域各种完整的历史数据和现场同步观测数据的基础上，采用合理的统计分析方法，对资料的真伪进行甄别、检查、判断，对不同观测方式的资料进行规一化订正处理。在此基础上，采用合理的方法进行统计分析，区分不同的工程区段，给出各工程区段的主要气象要素特征值及时空分布规律，揭示各种气象灾害发生的时空分布，包括出现的地点、频率、危害程度及潜在的对工程建设、运营的危害。

（8）综合编制报告。根据调查分析及统计计算结果，按照工作大纲要求，将分散的各种数据、结论整理汇编成册，报告应做到结构、层次分明，图文并茂，分析结论依据充分，报告还应同时提出交通工程施工和运营后可能出现的气候灾害问题及其防御建议等。

（9）专家评审验收。某一交通工程气候调查报告是否全面反映了工程沿线及周边的气象全貌，采用的方法是否合理，提出的建议是否科学，是否满足工程建设的需要，专家对报告的评审验收也是调查分析不可缺少的环节。通过专家评审，可以发现调查分析工作存在的遗漏甚至错误的结论，为调查报告的修改、完善及后续进一步的气象灾害影响评估提供依据。

至此，交通工程区的气候背景调查分析基本完成，工程建设方则以此为依据，进行合理的规划、设计和建设，并在建设、运营过程中采取适当的措施，规避和减轻气象灾害对交通产生的影响。

3.2 交通工程区气象灾害影响评估

对交通工程建设、营运而言，要有效地在规划、设计、施工、运营各阶段采取必要的交通气象灾害应对措施，有效地规避和减轻灾害带来的损失，仅仅开展交通工程区的气候背景调查分析是远远不够的。客观存在的工程区气象灾害对工程建设、运营到底有何影响，影响程度如何，这需在交通工程区的气候背景调查分析的基础上，全面分析交通工程建设项目所在地区和场地的气候适宜性，恰当评估气象灾害对工程的具体影响及工程建设运营对周边气候、生态环境的作用。要注意不仅仅是对单一的大气环境、气候参数、极值的适宜性分析，而且还应包括大气水文与生态环境分析、气候对交通工程质量影响分析、交通工程对气候环境影响等综合性的分析和论证。通过科学的评估论证，寻找出气象灾害对交通安全影响小、可运营时间长、建设投资成本低的最佳设计方案，为交通规划部门科学规划、合理设计提供决策依据，以适应交通工程项目规划与建设的需要。

3.2.1 主要气象灾害对工程建设运营的影响评估

交通工程建设、运营一般是在露天情况下作业，对天气气候条件的要求比较严格。随着全球气候异常变化，各种气象灾害（如高温、低温、大风、暴雨等）的发生频率增加，对交通工程的建设、运营不利，轻则影响工程质量与工程进度，重则造成破坏性甚至毁灭性损失。气象灾害对交通工程建设的可能影响评估，主要目的是在研究历史气候规律的基础上，针对交通工程的建设和建成后的运行经营等方面可能面临的气候异常现象及其影响机制进行诊断分析与风险评估。在此基础上，对交通工程的功能效益进行论证，评价其生态环境效益，给出气候异常对重大工程各阶段将产生的影响的可能范围及程度，为工程设计部门提供气象咨询服务。

3.2.1.1 评估方法

气象灾害对交通工程建设营运的影响评估是一个基于数据资料、运行经验、直观认识的科学过程，首先要将气象灾害的风险量化，便于进行分析、比较，为交通工程的建设和运营提供科学决策的依据，从而能够运用有限的人力、财力和物力等资源条件，采取最合理的措施，达到最有效地减少交通工程风险的目的。气象灾害对交通工程的影响评估可以使用许多实用技术和方法，这些方法大体可以分成以下三类：

（1）定性分析。即采用专家意见来确定某种气象灾害的发生概率及其对交通工程建设和营运的影响，如历史资料反查法、灾害预估分析法、假设状况分析法、安全性审查法、危险和可操作性分析法等。

这里以灾害预估分析法为例为说明定性评估方法。

运用灾害预估分析法的目的主要是辨识工程建设和运营过程中潜在的气象灾害风险、可能的影响因素，进而确定气象灾害的风险等级，并制定相应的安全对策措施，防止事故发生。运用灾害预估分析法可以大体识别与交通工程有关的主要气象灾害；分析、判断气象灾害可能引发事故的原因；评价事故后果，包括对人员、工程产生的影响，可能的损失、破坏情况；确定气象灾害的风险等级；提出消除或控制风险、预防气象灾害的安全对策措施。

灾害预估分析是对气象灾害对交通工程和运营影响评估进一步进行分析的先导，主要是宏观上的分析，属于定性的安全评价方法。该方法优点是简单易行、经济有效；能为工程建设和运营分析和设计提供指南；能识别可能的风险，用很少的费用、时间就可以实现改进。该方法一般在工程建设的初期使用。

灾害预估分析评估方法的主要步骤包括：

①危害辨识：通过经验判断、技术诊断等方法，查找交通工程建设和运营中可能存在的气象灾害。辨识依据主要包括工程性质、工艺、设备和设施、工作环境、操作规程和管理制度等。

②确定可能事故类型：根据过去的经验教训，分析气象灾害对交通工程建设和运营的影响，分析事故的可能类型。

③针对已确定的气象灾害类型，制定气象灾害预估分析表。

④确定气象灾害的危害等级，按危害等级排定次序，以便按计划处理。

⑤制定预防事故发生的安全对策措施。

（2）定量分析。即采用统计方法和现有的灾害数据库来确定交通工程区灾害性天气的发生概率和影响后果，如事件（事故）树分析法、失效模式及其影响危害度分析方法、影响图法、贝叶斯网络法、敏感性因子法、概率风险评估等。

这里以常用的事件树分析法为例为说明定量分析法的原理。

事件树分析（Event Tree Analysis，简称 ETA）起源于决策树分析（简称 DTA），它是一种按事故发展的时间顺序由初始事件开始推论可能的后果，从而进行危险源辨识的方法。

一起事故的发生，是许多原因事件相继发生的结果，其中，一些事件的发生是以另一些事件首先发生（比如某种气象灾害的出现）为条件的，而一些事件的出现又会引起另一些事件的出现，在事件发生的顺序上存在着因果的逻辑关系。事件树分析法是一种时序逻辑的事故分析方法，它以一初始事件（在本节中就是某种气象条件）为起点，按照事故的发展顺序分成阶段，一步一步地进行分析，每一事件可能的后续事件只能取完全对立的两种状态（成功或失败，正常或事故，安全或危险等）之一的原则，逐步向结果方面发展，直到产生事故为止。所分析的情况用树枝状图表示，故叫事件树。运用这种方法可以定量计算出各阶段的概率，最终了解事故发展过程中各种状态的发生概率。

本节应用事件树作定量分析是指根据每一事件的发生概率，计算各种途径的事故发生概率，比较各个途径概率值的大小，作出事故发生可能性序列，确定最易发生事故的途径。一般来讲，当各事件之间相互统计独立时，其定量分析比较简单；当事件之间相互统计不独立时，则定量分析变得非常复杂。这里仅讨论前一种情况。

①各发展途径的概率。各发展途径的概率等于自初始事件开始（某种气象灾害发生）的各事件发生概率的乘积。

②事故发生概率。事件树定量分析中，事故发生概率等于导致事故的各发展途径的概率和。定量分析要有事件概率数据作为计算的依据，而且事件过程的状态又是多种多样的，一般都因缺少概率数据而不能实现定量分析。

③事故预防。事件树分析把事故的发生发展过程表述得清楚而有条理，为设计事故预防方案、制定事故预防措施提供了有力的依据。

从事件树上可以看出，气象灾害对交通工程和运营的影响是一系列气象灾害和工程、运营过程的各个环节相互作用的发展结果，如果中断这种发展过程就可以避免事故发生。因此，在事故发展过程的各阶段，应采取各种可能措施，控制事件的可能性状态，减少危害状态出现概率，增大安全状态出现概率，把事件发展过程引向安全的发展途径。

采取在事件不同发展阶段阻截事件向危险状态转化的措施，最好在事件发展前期过程实现，从而产生阻截多种事故发生的效果。但有时因为技术、经济等原因无法控制，这时就要在事件发展后期过程采取控制措施。显然，要在各个事件发展途径上都采取措施才行。

具体到气象对交通工程的影响来说，最初的控制应当是阻止灾害性天气的发生，比如常用的人工影响天气法，当该方法不能实现控制时，则需要在工程建设过程中的每个具体的环节进行控制（比如采取防风、防雨措施），阻止气象灾害对事件的继续影响。

(3) 半定量分析。这是一种介于前两者之间的方法，如事件（事故）树分析法、简易风险回溯法。前面所述的事件树分析法也可以作为一种半定量的分析方法，前半部分计算事故概率的过程采用定量方法，而最终给出一个定性的结果，这就成为一种半定量的分析方法。

定性气象灾害影响评估方法是一种典型的模糊评估方法，可以快速地对气象灾害的影响进行评估，对现有的防范措施进行评价，从主观角度对交通工程风险进行排序。定量评估方法是对影响程度的量化，分析目标更加具体准确，可信度较高，可为决策分析提供可信赖的依据。半定量的评估方法采用的是定量的评估方法，但是它不产生定量的分析结果。

3.2.1.2 评估流程

(1) 根据交通工程区的主要气象灾害选择评估方法

首先要确定气象灾害与交通工程之间的关系，在此基础上再明确需要评价的主要气象灾害。对于大型的交通工程，为使评估工作易于进行，可以将大型工程分成若干子工程进行分析，每一个子工程可以单独进行分析，并最终加以综合以形成对整个交通工程的气象灾害评估。

(2) 主要气象灾害的风险识别

这一步的目的在于找出气象灾害对交通工程的所有可能的影响。用于识别风险的方法有：危险与可操作性（HAZOP）分析、失效模式与后果分析（FMEA）等，但没有一种方法可以保证一个完全的危险识别，而只能依赖于良好的工程判断力和丰富的经验相结合。

(3) 原因及后果分析

原因分析的目的是估计每一种主要气象灾害产生的原因及概率，这可以直接从以往的统计资料得到；也可以通过事件树分析来建立灾害产生的逻辑模型，进而找出详细的原因和计算发生的概率；还可以用可靠性方法估计对交通工程影响概率。对于一些特殊情况，如动态的过程或人的行为需要用到一些特殊的方法。后果分析是要找出由灾害性天气对交通工程产生影响的发展过程，形成对每一种影响结果的描述，并估算每一种影响结果的发生概率以及可能造成的严重后果。在描述影响情况方面，事件树分析是常用的有效的方法，它的每一分支代表了一种影响情况。在因果分析过程中，对于那些可能性很小而且可能造成的后果又很轻微的天气情况，应及时排除在进一步的分析之外，从而减少不必要的工作。

(4) 气象灾害对交通工程影响的风险估算

气象灾害对交通工程的影响评估是通过综合原因分析和后果分析的结果

而进行的，一般来说应当建立起对交通工程建设和运营风险的概率描述。其结果可以提供：设计方案是否满足一定的气象灾害风险准则；供选择方案的各种气象灾害影响概率，以便通过比较作出选择；找出影响交通工程的主要气象灾害，并且提出改进和防范意见等。

3.2.2 交通工程对局地气象环境的影响评估

交通工程的建设、运营，将使工程沿线及周边区域交通运输工具与交通建设工程大幅度增加。交通运输工具尾气的排放，以及交通建设工程对原有下垫面性质的改变等，将对气候和环境带来影响，如工程建设不可避免改变原有地形、地貌，占用基本农田，降低生物量，降低自然系统稳定现状，干扰地表天然的物流、能流、物种流。如桥涵工程扰动局部地表现状，桥墩改变地表径流，施工引起悬浮物增量对水生生物（尤其是土著种和特有种）的影响，站场工程改变局部地表土地使用现状，在偏僻山区诱发城市化和人工化倾向，在天然植被分布良好拼块中开天窗，使生态破碎等，这些影响和作用常常是长期、潜在、累积和不可逆转的。加强交通运输工具和拟建交通工程对气候、生态系统的影响评估，在此基础上合理规划布局，或采取必要的措施（如青藏铁路建设过程中，为保障可可西里等地的藏羚羊自由迁徙，在沿线专门设置了33处野生动物通道），可以减少因工程建设对周边气候、生态环境的破坏，这对促进社会经济的可持续发展具有积极的作用。

交通工程建设、运营对自然、生态环境的影响既有正面的影响，也有负面影响，影响的程度也有很大区别。生态环境变化是一种长期的缓慢过程，交通工程建设对其影响不是马上能反映出来的。交通工程建设常常对当地的地形地貌、水体、植被结构等都会产生很大的影响，随着这些下垫面的改变，也会对局地小气候产生很大作用，引起局地小气候的变化。所以必须研究建立交通工程建设气候影响评价模式系统，结合气候预测和气候变化，进行交通工程对气候生态影响预评估，以及气候变化对交通工程维护与运营、效益与安全等方面影响的预评估。

交通工程对周边气候、生态、生活环境的影响一直不为人们所重视，过去一般只涉及交通运输工具废气排放对周边大气环境的影响。近些年，交通工程尤其是大型工程的建设，人们开始关注交通工程与周边气候、生态系统的相互作用，进行更加全面、客观、科学的评估，开始研究、评估、预测交通工程施工、运营给周边带来的水质、土壤、噪声、生态、气候的影响。如对公路中心线两侧300～500 m范围（有敏感点或有动物作评价时可适当扩大）实施工程对自然保护区的整体影响、对植物生长分布及动物活动规律、栖息环境、植被覆盖率、农田、植被、湿地、生态环境等的影响。2000年，李湘南等（2000）对汽车废气中铅对交通沿线农田污染作出评价，研究公路两侧土壤中铅的分布和污染范围，并说明汽车废气铅污染途径以及铅污染的影响因素，为控制和治理沿线农田的铅污染提供了调查、评价的应用理论和实用方法。江苏、安徽等省对本省2020年前高速公路网建设规划作出了环境影响评估报告，从环境保护的角度，根据现有环境特点及环境现状，客观、科学地对规划实施后近期、中期、远期可能造成的环境影响进行分析、预测和评价；定性或定量地分析高速公路网规划与其影响范围内的环境、经济、社会、资源等的协调性，论证该规划在环境保护方面的合理性和可持续发展能力，提出了预防或者减轻不良环境影响的对策、措施、建议。青藏铁路建设过程中，有关部门开展大量的铁路工程与气候、生态、环境相互作用的研究，并提出了综合评估意见，为青藏铁路建设、运营提供了科学数据，有效地防止了工程对环境的影响，受到国内外的广泛关注。

我们也注意到，虽然交通工程区气象灾害可能影响的评估正在引起人们的重视，但仍属起步阶段，人们更加关注气象灾害对交通工程影响的评估，对工程可能带来的局地气候环境的影响关注较少，相关研究更是处于定性的萌芽阶段。

3.3 交通工程区极端气象条件的确定

交通工程的相关活动是在大气边界层内进行，其规划、设计、施工、运营均受到气象条件的影响和制约，无不受到各种天气气候事件影响。工程的设计及施工对气象条件的防御一般以使用期内的极端气象条件作为设计依据，而极端气象条件往往以某些气象参数的极值来表征。如大型桥梁的抗风设计是以桥位百年一遇的设计基本风速和基准风速作为设计的依据；大型悬臂式施工则以工程区30年一遇的风速采取相应防范措施。在公路桥涵的设计建设过程中需要根据工程的使用年限确定相应重现期的设计雨强、设计洪水水位等。很明显，极端气象参数或条件的确定是工程设计、建设及营运的基本条件，这些极端气象条件的确定必须尽可能地科学、合理，能够反映工程区的实际，取值过大会造成巨额浪费，有时甚至造成工程结构设计的困难；取值过低则使工程使用期内的安全度降低，甚至造成不堪设想的后果。1940年11月7日，美国华盛顿州建成才四个月的塔科马（Tacoma）悬索桥在20 m/s风速作用下发生强力振动，最终导致桥面折断坠落到峡谷中，其根本原因则是设计风参数取值失当，致使相应的抗风措施设计不到位。

3.3.1 极端气象参数的计算方法

极端气象条件往往以具体的极端参数来表征，如百年一遇的风速，50年一遇的降雨量等，不同的工程由于其使用年限不同，所采用极端气象参数不同；同样使用年限的工程，在不同的地域，由于其气候背景不同，各自采用的参数也不同。过去，人们直接采用记录资料中的一些极值作为极端气象条件的参数取值。显然，这种估计方法是不科学的，因为对一个只有30年气象记录的地方，无法得到50年一遇的极端值；另一方面，即使有了50年的记录，其出现的极值也不一定是50年一遇的极端值，它可能是百年一遇的极端值，也可能是千年一遇的极值。因此，气象记录中的极值只有相对的意义。工程的使用期限往往超过期限资料的年数，工程可能遇到的极端气象条件不能简单地取用气象记录中的极值，而需要通过适当的模型，在分析极值分布规律的基础上进行推算。

极端气象参数确定的标准是：大于该参数的相应气象条件并不是经常出现的，而是间隔一定的时间 t 后再出现，这个间隔周期称为重现期。极端气象条件出现的相应概率则为 $1/t$，也就是说重现期为概率的倒数。如百年一遇的降雨量，其重现期为100年，出现的概率为1/100。对于极端气象条件的推算，目前主要基于统计学理论，世界各国基本上都是用每年的气象极值作为计算的基本样本。

从统计学意义上讲，各种事件的观测极值都可以看作随机变量，它们的出现受到多种因素的影响。就一般数学意义而言，随机变量的极值是不稳定的，但在概率论的意义上，事件的概率可以是稳定的，要科学确定实际工作中的极值问题，需通过对事件极值的概率分布理论进行统计推断。气候上推算极端气象条件相应气象极值的方法基本是基于极值的概率分布模型来进行计算。

前人研究已经证明，尽管气象要素的原始分布多种多样，但极值分布只有三种概型，即费歇尔-提培特（Fisher-Tippett）I型（亦称耿贝尔（Gumbel）分布）、Ⅱ型、Ⅲ型。1951年韦布尔（W. Weibull）推导出与Ⅲ型分布极相似的韦布尔分布函数。实际计算中即可通过最小二乘法等方法对样本统计分析得到概率分布模型的相应参数，从而得到气象要素极值的具体分布形式。据此，就可以计算得到气象极值对应概率及重现期，或根据规定的重现期 t 推算得到相对应的气象要素极值。

另外，皮尔逊（Pearson）通过研究大量的实测资料，总结出一簇共12型的频率分布曲线，其中的III型与气象、水文的很多要素拟合良好，也常用于气象要素的极值推断。

在计算过程中，由于事先并不知道这个极值序列究竟属于哪一种类型的分布，计算结果与实际状况的拟合如何，需要有一个客观的标准进行检验，也就是人们常用到的拟合度检验。具体检验方法一般有柯尔莫哥洛夫检验、ω^2 检验以及 χ^2 检验等。如果通过检验则可判断其分布符合所选概型，如不能通过检验，则应重新选择其他适合的分布函数。

上述理论分布模型与来自纯经验的 Pearson-Ⅲ型等分布模型在温度、风速、气压、降水量等气候极值的推求中得到广泛应用。屠其璞等（1978）用韦布尔分布来描述风速的概率分布，根据我国 165 个测站的观测资料，计算了各站全年风速韦布尔分布的参数，并绘制了全国韦布尔分布的参数图；薛桁等（2001）根据全国基准气象站资料，用耿贝尔分布计算了全国各地不同重现期的极值风速及风压，并据此绘制出全国风压分布图表，列入《建筑结构荷载规范》，成为我国国标的内容；段忠东等（2003）运用我国海洋台站资料及耿贝尔分布，计算了渤海和南海海域 15 个台站的若干年一遇的极值风速统计值；阎俊岳等（1990）则利用美国海军数值海洋学预报中心（SOWM）大风资料和全球综合海洋大气资料集（COADS）的船舶气象观测资料，计算分析了各海区大风最佳取值，给出五十年及百年一遇大风极值（10 min 平均）分布图。

刘聪等（2006a，2006b）考虑到，极值频率分布拟合计算作为一种统计方法，参与计算的某个时段的样本只是母体的一个抽样，其参数不一定等于总体的参数，由此计算得到的不同重现期的极值也只是真实极值的一个样本估计值，必然存在抽样误差，根据短期样本计算出的不同重现期的气象要素极值可能偏低，如百年一遇的风速可能是几十年一遇的风速，因此，他们提出在用短期样本计算时除了求出参数的点估计外，还应给出在一定置信度下极值的置信区间，以避免低估极值而带来的工程风险。同时他们注意到单独采用上述三类分布中的某一种分布而忽视服从其分布的条件，难免失之偏颇，他们的研究引进了包含上述分布的广义极值模型，给出了采用极大似然法的参数估计及极值置信上限的计算方法，并进行了实证研究，避免了采用单独某一分布的不足，有效地改进了工程极端气象条件的确定。

3.3.2 交通工程设计气象参数的确定

从极端气象条件极值的推算过程可以看出，极端气象条件表征值的计算多基于气象观测台站多年积累的观测资料，一些学者根据全国气象观测基准站及基本站资料给出某表征值的全国分布图和各地代表站的具体表征值，如全国基本风速图、全国基本风压分布图、全国雪压分布图、全国 24 小时最大降水量图等，这些基础数据或图表为交通工程设计气象参数的确定提供了很大方便。对于一些非常规观测的表征值，有关规范根据国外的试验所得经验地给出了这些表征值的经验推断值，如《公路桥梁抗风设计规范》（JTG/T D60－01－2004）给出了桥梁设计所需的脉动风速在水平方向及竖向的功率谱密度函数取值。

一般而言，这些根据当地气象资料或主要参考国外试验的各类极端气象条件表征，基本满足了一般交通工程的实际需求，毕竟一般交通工程与当地气象站具有相似的地理地貌，在相同的大气环流背景控制下，它们的极端气象条件表征具有相同的特性。但对于特殊地理环境下的重要交通工程，如位于长江口南通段的苏通长江公路大桥，斜拉桥主孔跨度 1088 m，主塔高度 306 m，斜拉索长度 580 m，均列世界第一，为我国建桥史上工程规模最大、综合建设条件最复杂的特大型桥梁工程；位于贵州横跨关岭自治县白水镇、城关镇的坝陵河特大悬索桥，由于其所处的地理地貌与气象站存在较大的差异，致使气象条件的表征值与依据气象站观测资料所得的表征值之间有较大差别。同时，由于这些重要工程的特殊性，工程抗御气象灾害的特殊设计对气象要素特征提出了精细化的要求。这些工程所需表征值的推算不能完全拘泥于现行规范，这是因为现行规范的常规气象要素表征值主要来自国家所设的常规气象站的观测资料，其间距一般在 50 km 以上，对一些局地性较强的气象要素（如风、降水等）则很少具有代表性，即使据此绘出的全国分布图，由于其基础数据的粗分辨率，由其内插也难以得到表征局地特征的代表值。依据国外试验推荐的非常规气象要素，由于我国幅员辽阔，各地特殊的地理地貌及特殊的气候背景，可能使这些值在具体工程区失去代表性。因此对这些特殊位置的重要交通工程，需进行专门的研究，采取非常规的方法确定工程建设所需的气象参数，一方面满足具体工程对气象参数的现实需求，同时为制定相应规范标准、建立具有我国特色的气象要素代表值库提供基础数据。

在国外，20 世纪 80 年代后，随着特大型交通工程的增多，工程师已经意识到有关规范和经验的局限性，通过在拟建工程区开展长时间观测，积累气象要素计算所需的长序列资料。如 1999 年建成的日本明石海峡大桥提前 13 年开展气象观测，直布罗陀海峡大桥（西班牙—摩洛哥）前期气象观测工作达 17 年，而丹麦一瑞典大桥气象观测做了 19 年。在国内，特别是超大型桥梁建设步入国际先进行列，多座超长、大跨径桥梁开工建设，如何合理确定工程设计气象参数成为亟待解决的问题。20 世纪 90 年代后期，刘聪、陈正洪等开始介入大型桥梁设计风速的计算研究，从气象学的角度理解和认识桥位极值风速的计算问题，促进了桥梁建设工程师与气象工作者的交流。青海、西藏气象部门开展了青藏铁路工程气象专题研究，用树轮、冰芯等代用资料，恢复和重建了青海省及青藏铁路沿线百年以上尺度的气候资料序列，分析和研究了历史气候变化规律，进而预测未来气候的变化趋势，为青藏铁路工程建设提供了依据。戈峰等（2002）根据中吉乌铁路（中国段）沿线10多个气象水文观测站40多年（建站至2000年）历时最大降水量资料，对中吉乌铁路（中国段）暴雨强度进行系统的研究，应用熵气象学导出的暴雨时程方程，预测了中吉乌铁路（中国段）各历时的最大降水量，为中吉乌铁路（中国段）工程设计和施工及未来铁路客运提供了有价值的参数。罗岩等（2007）通过对315国道水毁路段野外勘测，在获取沿线主要河流历史洪水信息的基础上，用3种方案分析计算了既定控制节点的历史洪水洪峰流量，并确定了历史洪水重现期，在此基础上，采用多种方法计算控制节点的设计洪峰流量和设计洪水位，经分析论证后推荐选用其合理的计算成果作为公路设计的基础依据，研究提出的小汇水区设计洪水计算技术路线和方法，为公路、铁路、水利等部门开展类似的流域设计洪水分析计算提供了有益的借鉴。

对于特殊地理地貌下重要交通极端气象条件表征参数的确定，需要通过在工程区开展与当地气象站同要素的同步观测，研究分析工程区气象要素与当地相应要素间的异同，通过数值或统计学方法寻求两者间的相互关系。并据此将气象站的长年观测记录序列外延到工程区，建立工程极端气象条件表征值计算所需的基础数据，进而计算得到工程建设所需的能够反映工程区特点的相应气象要素极值。如江苏省气象科学研究所通过在超长、大跨径桥梁桥位建立地面风速观测站，与当地气象站采用相同仪器，开展地面同步风速观测。在此基础上分析桥位与气象站风速的异同及关系，重构桥位的年最大风速序列，计算得到大桥建设所需的设计基本风速（一般为距地面10 m高度处的百年一遇的10 min平均风速）。通过在桥位设立风梯度观测塔和采用低空风廓线仪开展近地边界层风随高度的变化规律，进而将桥位的10 m高度的设计基本风速推算到桥面及其他高度处，得到所需的设计基准风速，从而构建了桥位极端风速推算的统计学方案。目前，正在尝试通过动力学数值模型重建桥位的历史极值风速序列。韩树宗等（2003）根据卫星高度计资料，引用发展了尾部分布增强法（Tail Distribution Method），推算3个海洋站的海浪极值，并以此为基础对西北太平洋进行多年一遇的极值推算，得出35°—55°N，145°—180°E海域百年一遇波高可达13 m以上的结论；而在赤道无风带控制下的海域，百年一遇波高一般为7 m左右。

对工程极端气象条件的常规气象要素极值的确定，一般流程可以归纳为图3.1。

工程极端气象条件表征值的推算是基于极值概率分布模式，是研究选用

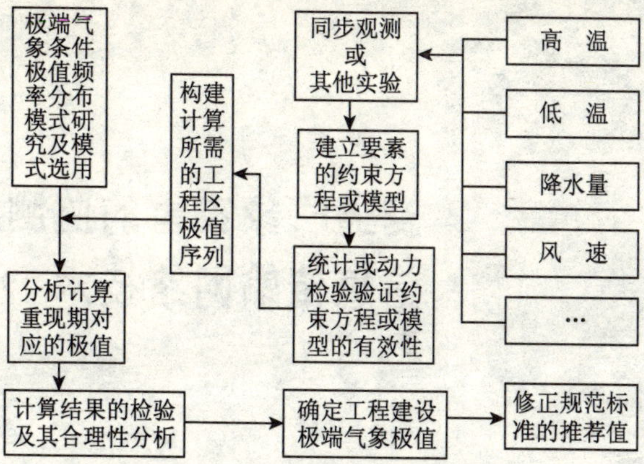

图3.1 工程区极端气象条件极值的推算

工程区气象同步观测、实验，分析工程区特殊规律，重构工程区极值序列的基础。对于那些既缺少气象观测记录，又缺少工程区长时间观测实验或其他可以构建样本序列的气象参数，如阵风因子、风攻角、湍流强度、湍流功率谱密度等的工程项目，目前主要采用来自国外实验所取得的经验数据。为了弥补这些经验参数的不足，学者们也开始利用现代先进的观测仪器，在特殊恶劣天气条件下开展观测研究，寻求恶劣天气条件下的代表值。如维克瑞（P，J，Vickery）等运用数值模式模拟美国飓风的风场结构；江苏省气象科学研究所在青岛海湾红岛海边用CSAT3D超声风速仪开展了强风湍流特性观测分析研究，得到了一些有别于规范推荐值的观测事实，如青岛海湾强风的实测湍流功率谱函数不完全符合规范推荐定义的模型，少数时段的实测结果与理论曲线的差异很大，桥位湍流功率谱存在其特殊性。风攻角方面，观测样本的总体平均攻角正值达到3.89°，负值达到−1.19°，在某些大风观测时段，平均攻角可高达4.62°，比规范推荐值略大。针对我国许多大跨度桥梁是建造在受台风直接影响的沿海或近海地区的实际，同济大学与上海台风研究所合作在上海青浦气象站用LAP-3000风廓线仪进行了（台风及冬季冷锋）强风特征的观测研究。宋丽莉等（2005）通过对杜鹃、黄蜂、黑格比等登陆台风近地层湍流特征的观测研究，揭示出一些湍流强度、湍流积分尺度等特性，为工程极端气象参数的采用提供了基础数据。

总之，交通工程所需的各种极端气象条件的确定，需要收集工程区大量的气象观测资料及实地试验数据，充分考虑周边地理环境特点，研究分析工程特点，通过统计学、动力学等方法合理确定，对一些非常规的气象参数，需要通过实地试验得到能够反映工程区实际的表征值。这一方面，仍有大量的科学问题需要通过工程技术人员和气象科技人员的协同努力加以解决。

第4章 交通气象灾害的监测及信息传输网络技术

无论是交通工程建设前期的气候背景调查分析、交通建设运营与气象的相互影响的评估，还是工程施工建设及运营的气象保障，都离不开气象观测资料，这些表征当地及周边真实气象状况的数据，是交通气象灾害研究、评估、论证及预报、预测、预警的基础，有效获取正确的观测数据并适时传输到各相关部门和人员手中，是有效防御交通气象灾害的重要手段。

目前，我国气象部门建有规范化、标准化、系统化的气象观测系统。气象观测系统按照传感器所处位置可分为天基观测、空基观测和地基观测三大类。

天基观测：传感器在中层大气之外，主要由低轨卫星和高轨卫星以及相应的地面应用系统组成。

空基观测：传感器在地球表面以上、中层大气及其以下，主要由气球探测、飞机探测和火箭探测组成。

地基观测：传感器在地球表面，主要由地面气象观测、地基气候系统观测、地基遥感探测、地基大气边界层观测、地基中高层大气和空间天气监测、地基移动气象观测、地基气象观测运行监控和技术保障等组成。

在交通气象工作中，天基观测、空基观测、地基观测都具有十分重要的作用。

我国现有的常规气象观测系统为交通气象灾害监测、预警及评估提供了背景场资料，但其建设目的是为了满足制作常规天气预报的需要，在观测站布设的空间尺度、资料获取的时间尺度、气象要素的设置等方面，都不能满足交通气象工作的实际需求。对交通运输高影响的气象灾害（如能见度、路面状况等）必须设置专用的监测及信息传输网络系统。

交通气象灾害的监测是开展交通气象工作的基础，应在充分发挥气象系统现有的综合气象监测系统资源优势的基础上，着眼于我国交通运输领域对气象保障的实际需求，利用计算机、通信、网络、控制等高新技术，统筹规划和发展我国的交通气象灾害监测和信息传输系统。

4.1 交通气象灾害监测基础

对交通运输质量和安全产生高影响的气象灾害种类存在显著的季节性和地域性。同一种气象灾害对交通运输的影响也往往会因地区、环境和用途的不同而不尽相同。因此，在实施交通气象监测工程中，首先是要确定需要选择的气象要素的种类；其次是确定各个气象要素的观测范围、分辨率、精确度；同时还要考虑器件或设备的接口、协议、通信、工作环境条件的要求等；根据上述要求确定选用相应品牌、型号的气象传感器产品或综合性的气象观测站设备。

4.1.1 影响交通的低能见度灾害监测技术

能见度是指正常人的视力在白天当时的天气条件下能从背景上分辨出目标物轮廓的最大距离。

低能见度对交通运输安全和效率的危害是严重而且具有普遍性。低能见度灾害的分级和取值范围因服务对象和具体要求的不同而不同。例如，我国大多数高速公路将能见度低于50 m时（有时低于100 m）作为“封路”的条件之一，而在长江航运中，有的江段把能见度低于1500 m或1000 m时作为“封航”的条件之一。类似高速公路和水上运输这样不同的用户群体，对低能见度灾害概念的理解和在业务管理中制定相应的管理措施存在明显的差异，对低能见度监测的要求也不尽相同。

4.1.1.1 能见度监测技术研究进展

目前，我国气象部门在进行地面气象观测业务工作中，能见度的观测一直是采用人工观测——“目测法”。从开展交通气象科研、业务、服务的角度来看，这些气象观测站点分布密度小，两个观测站相距几十甚至上百千米，每天最多观测24时次，在过去能见度的高低与人们生产生活的关系并不密切，大多数气象观测站每天只观测4次或3次，所以无论从空间尺度和时间尺度，以往的能见度观测资料都远远不能满足现代交通气象专业服务的实际需要。近几年来在我国气象观测业务体系中，迅速发展的中尺度自动气象观测站和加密气象观测站，在采集的气象要素设置上都没有考虑到交通气象十分关注的能见度。由于军事、交通等领域的特殊需要，特别是以高速公路为代表的现代交通发展对气象保障服务提出了许多新的更高的需求，能见度自动化监测技术和能见度监测传感器研制进展很快并已趋成熟。

交通气象灾害监测中，在没有特别说明的情况下，能见度的监测就是指采用“器测法”来探测能见度。但目测能见度在实际工作中仍用来作为器测的补充和对比检验或验证发现器测能见度偏差的重要途径。

早在20世纪40年代就有人采用“照相法”来测量能见度，其基本思路是采用照相机拍摄黑色目标物，然后设法从图片求得目标物与背景的相对亮度比，并以此来推算能见度值。但由于当时从拍照、冲洗照片到测定目标物与背景物的亮度对比全是手工操作，不仅操作烦琐、耗费时间，而且难以实现真正定量化，故这种方法并未能付诸实际运用。但是，随着现代基于CCD摄像技术的设备在交通、军事等领域的广泛应用，采用“照相法”来测量能见度再一次成为当今研究能见度探测技术的热点或方向之一。50年代中期，国际上出现了“透射型”能见度仪，其原理是基于光的透射率确定大气能见距离。但透射型能见度仪体积大，基线较长，安置复杂，价格昂贵，仅被一些重要机场所采用，难以在高速公路和气象观测等部门中普及。60年代诞生了“散射型”能见度仪，其原理是根据空气中的粒子对光的散射特性确定能见距离。这种仪器成本较低，安装方便，弥补了前者的不足，在此后的发展中得到了进一步的研究和应用。

世界上许多国家由于公路、航空、军事和生活等方面的需求，都在对大气能见度观测仪进行实验研究，并已取得相当大的进展，如日本在20世纪70年代对森林烟雾进行监测，欧美一些国家也都相继在机场跑道、公路、港口设置了雾的监测仪器。为适应日益发展的高速公路上能见度的观测，美国、芬兰、日本、德国、荷兰、法国、英国等国厂商已生产了很多种能见度观测仪，如芬兰Vaisala公司的FD12P、美国的Model 8364 Visibility Sensor、德国SICK AG公司的Visic等。能见度仪在美国、日本、欧洲等国高速公路的管理上已成为不可缺少的设备，并得到世界气象组织的高度重视。

我国自20世纪60年代中期开始器测能见度的探索研究，主要有以下几个方面：

(1) 应用激光雷达技术探测能见度。吕达仁等（1976）利用红宝石激光雷达在北京地区测量了水平方向大气平均衰减系数，并与目测能见度做了比较。赵燕曾等（1980）又利用激光雷达尝试了斜视能见度的测量。

(2) 利用CCD摄像方法来测量能见度。CCD（Charge Coupled Device）电荷耦合器件图像传感器，是用一种高感光度的半导体材料制成，它能把光线转变成电荷，通过模数转换器芯片转换成数字信号，并借助计算机的处理手段形成电子图像。CCD由许多感光单元组成，通常以百万像素为单位。当CCD表面受到光线照射时，每个感光单元会将电荷反映在组件上，所有的感光单元产生的信号加在一起就构成了一幅完整的画面。采用CCD摄像法获得的图像就像是人们用眼睛去观测能见度时看到的景像，因此，也就很自然地使人们想到要从电子图像中去解析出能见度值。

20世纪90年代，北京市气象局与中国科技大学合作，利用CCD摄像方法来测量能见度，它是根据能见度定义模拟人眼观测能见度的原理，实现对白天、夜间及昼夜交替时段的能见度的探测。

2005年由江苏智远交通科技有限公司、解放军理工大学气象学院等单位完成“小量程能见度远程测量仪研究”，该项目利用CCD摄像技术，采用多靶物组合获取图像，并设计了白天和夜间两种靶物，建立了从靶物数字图像中反演水平能见度的物理模式，实现了白天和夜间近地面水平低能见度的准确反演，并研制了小量程能见度远程测量仪原理样机。对比试验结果表明，该仪器对2 km以内的能见度测量结果和实际能见度基本一致。

利用CCD摄像方法来探测能见度看起来是一件简单易于实现的事情。但是，在利用现有的科技手段去实施过程中仍存在很多问题，所以大多处于项目研究阶段。至少到目前为止，还没有一个成熟的、具有推广应用价值的基于CCD摄像法来探测能见度的产品问世。

(3)“散射型”能见度仪是目前我国研究最多的能见度探测设备，已有多个部门或单位的系列化产品问世，如长春气象仪器研究所研制的前向散射型能见度仪；洛阳卓航测控设备有限公司（现为洛阳凯迈测控有限公司）研制的CJY系列前向散射能见度仪；中国气象科学研究院大气探测所和南京气象学院（现为南京信息工程大学）共同研制的WT系列前向散射能见度仪。2006年由江苏省气象科学研究所（南京交通气象研究所）承担并完成的沪宁高速公路江苏段气象监测系统，共安装了26套自主研制的AMW气象监测站，每套监测站都配置了一台定制改良的WT-2型能见度仪，取得了很好的应用效果。

4.1.1.2 能见度监测的基本原理

广义上的能见度就是指人的正常视力白天能从极限远处背景中分辨出的最远目标物。对于移动目标而言，又可分为消失距离和发现距离。消失距离是指当目标物向远离观测者的方向移去时，观测者最终看到景像逐渐模糊直至在背景中消失瞬间的位置与观测者之间的距离。发现距离是指当目标物从极限远处背景中向观测者的方向移来时，最初被观测者发现的位置与观测者之间的距离。

由于人所感知的“能见度”——目测能见度，除了与大气物理光学状态有关外，还与观测者自身的视力、状态及所处环境、背景目标物视角等多种因素有关。为了使“能见度”能客观地反映大气的物理光学状态，气象上给出了一个经典的能见度定义：标准视力的眼睛白天观察水平方向以天空为背景的黑体目标物（视角在0.5°～5°）时，能从背景上分辨出目标物轮廓的最大水平距离。

气象光学视程（MOR）是1957年世界气象组织建议采用的一种衡量大气光学状态的光学量度，即：白炽灯在色温2700 K时发出的平行光柱通过大气光亮减少到其初始值的0.05时的路径长度，称之为气象光学视程。也就是透射比为0.05时的大气路径长度，其数学表达式为：

$$MOR = \frac{1}{\sigma}\ln\frac{1}{0.05} = \frac{2.996}{\sigma} \tag{4.1}$$

式中σ为大气消光系数，它是指色温为2700 K的白炽灯发出的平行光束通过大气单位距离的路径损失的那部分光通量。该系数是对由于大气对光的吸收和散射造成衰减的测量。大气中光的衰减主要由散射和吸收引起。在可见光波段，吸收作用可以忽略，而经由大气中粒子产生的散射现象是构成能见度降低的主要因素，因此在研制能见度观测仪器中可以认为消光系数与散射系数相等。

由此可以看出，如何准确探测大气的消光系数σ就成为器测能见度的核心问题。因为σ是一个与人类个体的视觉无关的量，这样就建立了能见度仪器观测与人工观测之间客观的关系，从而也就找到了用仪器观测能见度的突破口。

目前国内外正在研制的各类能见度观测仪器中，由于仪器结构和采用的工作原理不同，对大气消光系数σ的测量方式存在很大差别。能见度观测仪器的主要类型有散射式（后向散射式、前向散射式）、透射式、摄像式、激光雷达式等，其中以前向散射式能见度观测仪较为常见。

4.1.1.3 几种流行的能见度监测设备

(1) FD12P能见度仪

FD12P是芬兰Vaisala公司推出的是一种单光路前向散射能见度仪。FD12P以支架为结构基础支撑变换器横梁，横梁包括光学单元——发射器FDT12B和接收器FDR12，数据处理和接口单元的控制箱固定在竖立桿上（图4.1）。

图 4.1 Vaisala FD12P 单光路前向散射能见度仪

主要技术指标：

发射器光源：近红外发射二极管，最大波长 875 nm，调制频率 2.3 kHz，透镜直径 71 mm，参考光敏管为控制光源，后向散射光敏管为污染和障碍测量。

接收器：光敏管 PIN6DI，透镜直径 71 mm，后向散射光源为近红外发光二极管（LED）测量污染和障碍。

测量特性：测量范围为 10～50000 m，参照 5%的对比临界值定义，准确度为±10%（10～10000 m）或±20%（>10000 m），时间常数为 60 s，更新间隔为 15 s。

（2）WT-2 能见度仪

WT-2 型能见度仪由中国气象科学研究院大气探测所和南京气象学院（现为南京信息工程大学）共同研制。它由稳定的红外发射光源，高灵敏度、大动态范围的红外散射光接收器，信号采集与处理，控制器，加热器，电源，调制解调器，防辐射罩等单元组成（图 4.2）。

主要技术指标：工作波长为 930 nm，前向测量散射角为 33°，测量范围为 10～35000 m 或 10～10000 m，准确度为±10%（≤3000 m）或±20%（>3000 m）。

（3）CJY 系列能见度仪简介

CJY 系列能见度仪是凯迈电子（洛阳）有限公司研发生产的，已形成 CJY-1 和 CJY-2 两大系列，每个系列的能见度仪可依测量范围、精度和结构的不同又分为多个型号。CJY-1 系列能见度仪的测量范围有 10～10000 m、

10～30000 m、10～70000 m 等，CJY-2 系列能见度仪的测量范围有 10～5000 m、10～10000 m 等。

图 4.2　WT-2 型能见度仪

CJY-2B 型能见度仪具有结构简单、体积小巧和基于小量程能见度观测等特点，可对大气能见度进行连续监测；耐盐雾性较强可在沿海地区使用，并可对自身的 12V 直流电源、仪器内部温度信号和接收器工作状态等进行监测，也能对自身的各种参数进行设置和调节（图 4.3）。

图 4.3　CJY-2B 型能见度仪

主要技术指标：测量范围为 10～10000 m，测量准确度为±10%（10～5000 m）或±20%（>5000 m），重量≤15 kg，尺寸为 740 mm×336 mm×118 mm，采用直流 12 V 供电方式。

4.1.2　影响交通的降水灾害监测技术

降水对交通运输的影响主要表现在以下几个方面：一是降水（雪）使得路面潮湿、冰冻等，导致路面的摩擦力变小；二是降水致使路面积水，还可引起路基坍塌、山体滑坡、泥石流、洪涝等灾害；三是强降水（暴雨、暴雪等）导致能见度急剧下降，以及强降水时在行驶车辆的前挡玻璃上形成的雨点和水帘对驾驶员视线的影响等。

4.1.2.1 降水监测技术研究进展

在现代气象观测中，降水量是用在不透水的平面上所形成的水层来计量的，单位为毫米（mm）。常用雨量器、自记雨量计测量，近年来也有用遥测法来进行测量。对于固体降水量，是将固体降水融化后再测量其水层的深度值。

降水的时空分布地区间差异是很大的，且具有很大的局地性，特别是夏季的阵雨或短时强降水。由于雨量站测得的雨量值只能代表某一点或较小范围内的降水情况，又称点雨量，所以近年来我国大量布设雨量自动观测站，布点密度较大，很好地解决了“面”雨量的观测和分析问题。高密度布设雨量观测站网并配合现代气象雷达观测，可显著地提高短时雷雨大风的预报准确率，也为开展交通气象预警服务提供了一个有效的途径。

涉及交通道路路面的综合状况所需要描述的参数较多，如关于路面上的干、湿、积水、雪、霜、冰、冰水混合物等表面状态，关于路面上水层厚度、冰层厚度、积雪厚度等，还有关于路面的摩擦情况（摩擦系数）等，这些路面状态参数都是交通运输部门非常关注的，因此它们是交通气象观测站网中需要考虑的观测项目。国外最新发展的交通气象观测技术和设备，可利用一些遥感传感器来观测路面状态，即给出降水时路面上的水层厚度、冰层厚度、雪层厚度以及路面上的干、潮、湿、雪、霜等状态。目前这一技术在国内尚未普及使用。

4.1.2.2 降水监测的基本原理

降水观测包括降水量和降水强度观测。

降水量是指某一时段内未经蒸发、渗透、流失的降水在水平面上积累的深度。以毫米（mm）为单位，取一位小数。

降水强度是指单位时间的降水量，通常测定1分钟、5分钟、10分钟和1小时内的降水量。为配合现代多普勒雷达观测，也有测定6分钟降水量并统计降水强度。气象站观测每分钟、时、日降水量。

常用测量降水的仪器有雨量器、翻斗式雨量计、虹吸式雨量计和双阀容栅式雨量传感器等。

在交通气象自动观测站中观测的降水量通常是指测量液态降水，常使用单翻斗或双翻斗式遥测雨量传感器。其基本原理是通过承水器收集到雨水，再通过翻斗的每次翻转带动干簧管吸合与断开来转换成“通一断”开关量脉冲信号，此信号传输到采集系统，由采集控制系统采集脉冲信号并计数，一定时间间隔内的计数累计值就可转换成所要的降水量。

采样算法：系统收到每1次脉冲信号计为1，代表0.1 mm的降水，累计计算1分钟的计数总量，即得到1分钟的降水量，并可进一步统计出5分钟、10分钟、1小时、日降水量等，还可统计出不同时间长度的降水强度。

在交通气象观测站中，对于固态降水（如雪），一种是通过上述遥测翻斗雨量传感器的加热装置对固态降水进行融化后测得降水量；还有一种就是通过综合路面状况传感器来判断是否有积雪、测量积雪深度等相关项目来完成。

4.1.2.3　几种常用的降水监测设备

（1）SL3-1型遥测雨量传感器（图4.4）

适用于气象、水文及农业、林业等有关部门用以测量液体降水量、降水强度。

图4.4　SL3-1型遥测雨量传感器（双翻斗）

基本原理：降水经过承水口汇集进入上翻斗，上翻斗的作用是使降水强度近似强降水强度，然后水流入计量翻斗，计量翻斗每翻动一次即为0.1mm降水量。雨水由计量翻斗倒入计数翻斗，在计数翻斗的中部装有一块小磁钢，磁钢的上面装有干簧开关，计数翻斗翻转一次则开关闭合一次，由于开关的闭合会送出一个信号，输出信号由红黑接线柱引出至采集控制器，此信号由采集控制系统获取、计数、储存、传输，从而实现降水的观测目的。

（2）SL2-1型遥测雨量传感器（图4.5）

它是引进德国先进技术制造的用于测量地面降水的仪器。该产品使用不锈钢材料制作，坚固耐用，可通过电缆直接与自动气象站连接，实现了计算机自动控制，适合自动气象站配套使用。因其可以带加热装置，所以可用来测量降雪等固态降水。

基本原理：SL2-1 型雨量传感器的结构为遥测单翻斗式，雨水通过一个表面积为 200 cm^2 的接收器，再通过一个过滤漏斗流入翻斗里，翻斗的每次翻转通过干簧管转换成脉冲信号传输到采集系统。

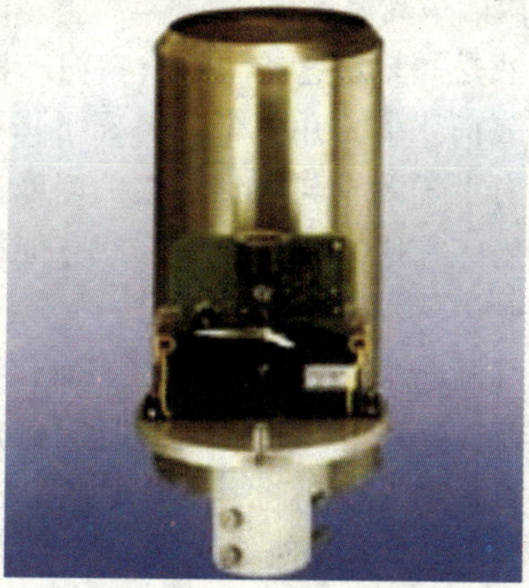

图 4.5　SL2-1 型遥测雨量传感器（单翻斗）

4.1.3　影响交通的高低温灾害监测技术

温度是人类对环境感应最为直接和敏锐的气象要素，温度的高低及变化速率对交通的影响很大，如高温天气易使驾乘人员的情绪烦躁和体力疲劳不适；路面高温会导致行驶车辆爆胎、路基变形；低温会导致路面结冰、路滑等。因此，高低温除了对人的生理、心理会产生不良影响外，对交通运输工具、交通设施等也会产生较大影响，甚至是破坏性的危害。

针对交通气象测量的对象和应用需求的不同，主要分为气温、路面温度、水面温度等观测要素，还可分别统计出最大值或极大值，如气温的最高、最低值、路面最高温度、路面最低温度等，由此还可间接地推导出路面所呈现的其他状态，如路面松软、摩擦系数变化以及是否处于结冰状态等。

4.1.3.1　高低温监测技术研究进展

我国气象观测业务中的温度观测一直是采用干球温度表、最高和最低温度表、温度计等仪器来观测的。测量空气温度及最高最低温度时，是将温度表安置在标准百叶箱内；测量地面温度及地面最高最低温时，是将温度表嵌置在经过修整的地表面上。虽然交通气象自动观测站中已不使用这类仪器，但它们是测量温度的计量参考标准仪器。

干球温度表是用于测定空气温度的仪器。温度表是根据水银（酒精）热胀冷缩的原理制成的，分感应球部、毛细管、刻度磁板、外套管等四个部分。

最高温度表的感应部分内有一玻璃针伸入毛细管，使感应部分和毛细管之间形成一窄道。当温度升高时，感应部分的水银体积膨胀，挤入毛细管；而温度下降时，毛细管内的水银由于通道窄不能缩回感应部分，因而能指示出上次调整后这段时间内的最高温度。

最低温度表的感应液是酒精，它的毛细管内有一哑铃状游标，当温度下降时，由于酒精柱顶端表面张力作用，带动游标下降；当温度上升时，酒精膨胀，酒精液的内摩擦力小于游标与毛细管壁的静摩擦力，酒精柱经过游标周围慢慢上升，而游标仍停在原来位置上。因此它能指示上次调整以来这段时间内的最低温度。

温度计是自动记录气温连续变化的仪器，它由感应部分（双金属片）、传递放大部分（杠杆）、自记部分（自记钟、纸、笔）组成。

上述这些仪器在进行各项温度观测时，需要人工定时读取温度表的示值，或经过事后整理记录纸来获取某一时间点的温度值，挑选某一时间段的最高（低）温度值。这种温度记录的获取在时间密度上不能适应交通气象实时监测和服务的需求。

在我国的气象观测“三站四网”中，自动气象监测站在近几年已经有了很大的发展。在自动气象监测站中，多是利用铂电阻对温度变化的良好感应特性，或利用一些生产厂商提供的具有数字化接口输出的温度传感器来实现温度的监测。由于这种自动监测的时间密度很大，通常每10秒钟采样一次，经过一些算法来获取温度值，自动挑选某一时间段（如时、日、月、年）的最高（低）温度。

4.1.3.2　高低温监测的基本原理

在交通气象观测中，测量有关温度的要素项目主要有：气温、路面温度、水面温度等。气温、路面温度和水面温度都可经统计得出定时值（瞬时值）、不同时间段（如时、日、月、年）内的平均值、最高和最低值。最常用的测温方法就是采用铂电阻温度传感器、智能式数字化温度传感器、超声波温度传感器、遥感测温传感器等。铂电阻温度传感器是根据铂电阻的电阻值随温度变化的原理来测定温度的。铂电阻丝烧制在细小的玻璃棒或磁板上，外面有金属保护管。铂电阻在0℃时的电阻值R_0为100 Ω，以0℃作为基点温度，在温度t时的电阻值$R_t=R_0$（$1+\alpha t+\beta t^2$），式中的α、β为系数，经标定后可以求出其值。在自动气象观测站中，需要在采集控制系统中设计温度变送器来进行采集并计算转换成温度值。也有的将温度变送器、感应元件、输入输出接口等集成在一起，成为一个智能式数字化温度传感器。

在某些自动气象观测站中，铂电阻温度传感器与湿度传感器制作成为一体。传感器置于一个微型百叶箱（防辐射罩）中（图 4.6）。微型百叶箱的上板为伞形，中间有多层环片，下面为防辐射板，温度或湿度传感器置于罩子的中部。它可为温、湿度传感器防止受太阳辐射和降水影响提供有效的保护，最大可能地减小测量误差。微型百叶箱（防辐射罩）较为常用的有两种式样（图 4.6）。在测量路面温度时，为防止车轮碾压而造成传感器的损坏，故不能采用温度传感器半埋设方式，而是需要将传感器水平地固定在路面的表层下面并与路面齐平，可以覆盖一层薄薄的沥青，同时要做好信号线的隐蔽和固定处理。在测量水面温度时，需要使用漂浮式的固定支架装置将传感器固定在水面的表层，传感器水平放置，使得水面大体与传感器的中线齐平。同时做好信号线的防水、隐蔽和固定处理。测量路面或水面温度的方法还可采用遥感测温类传感器，这类传感器在安装时因无需中断交通、不破坏路面等交通设施，因而具有一定的优势，符合交通气象观测技术的发展要求。

图 4.6　微型百叶箱（防辐射罩）

4.1.3.3　几种常用的温度监测设备

（1）HMP230 系列温湿度传感器

HMP230 系列变送器（图 4.7）具有在全量程范围内精确、可靠且具有长期稳定性的特点。由于传感器测量精度不受灰尘及大部分化学物质影响，甚至可以放心地置于工业环境中，所以也能满足交通气象观测环境的要求。另外，由于增益校准技术的使用，使得 HMP230 系列传感器即使在高浓度化学物质或清洁剂的环境下仍能保证准确的测量精度。

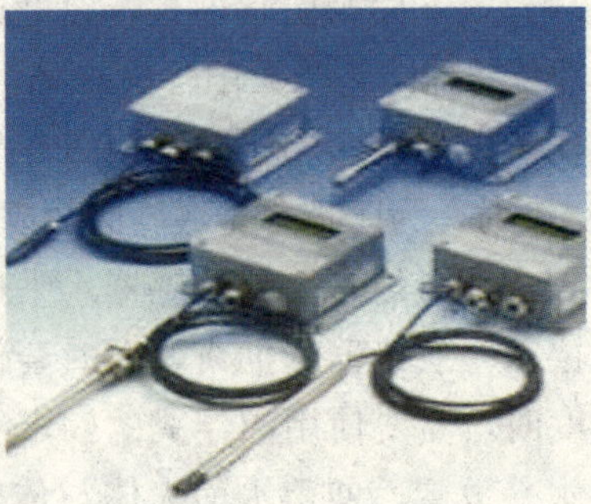

图 4.7　vaisala HMP230 系列温湿度变送器

(2) PT100 温度传感器

PT100 是用于各种温度测量的传感器（图 4.8），生产商和品种很多，它主要配套于自动气象站，实现自动气象站的温度测量，其质量控制取决于封装技术和精度。

图 4.8　PT100 温度传感器

在交通气象观测站中使用的 PT100 应采用四线制，具有可互换性、密封防水性及高精度等性能。选用的 PT100 应具有较大的可测量范围，但在配套采集变送器时，应根据所需要的测量范围尽可能采取小一点的量程，以有效地提高测量准确度。

(3) DST111 (Cyclo) 遥感道面温度传感器

DST111 是一种非浸入式遥感温度测量仪（图 4.9），具有遥感类仪器安装简便的优势。它通过测量表面发射的红外辐射，经智能化的信号处理来遥感表面温度。

DST111（Cyclo）遥感路面温度传感器测量距离为 2～15 m，测量点为距离 10 m 处直径 80 cm 圆面积路面范围，安装时的地平线安装角度为 30°～85°。

图 4.9 vaisala DST111 遥感道面温度传感器

4.1.4 影响交通的风灾害监测技术

风对交通的影响主要指强风，包括台风等。风具有明显的脉动性，短时的强风往往对交通运输和交通设施造成很大的危害，强风往往和寒潮、强降水、雷电等灾害性天气相伴发生，使危害加重。低空风切变灾害更是危害航空安全的一个重要“杀手”。

风压与风速的平方和受风面积成正比，在某些风向条件下，当风速达到一定数量值时，特别是在地形条件的配合下，往往形成“横侧风”，常会诱发车祸的发生，或者对大型交通设施的安全构成威胁。探测空中湍流和风切变等，是航空运输中特别需要的监测项目，也有利于更好地开展公路和水上交通气象灾害预警预报。

4.1.4.1 风的监测技术研究进展

空气运动产生的气流，称为风。它是由许多在时空上随机变化的小尺度脉动叠加在大尺度规则气流上的一种三维矢量。

利用风袋、旗上的飘带等都是较原始也是最简便直观的测风向的方法。现代化测风技术有了很大的发展，测风设备品种繁多，出现了利用航空、雷达、GPS（全球定位系统）等测风新技术、新方法和新的风参数。

地面气象观测中测量的风是两维矢量（水平运动），常用风标和风杯（或螺旋桨）来测量。高空风测量主要采用无线电探空测风技术，一般依赖观测自由气球的大致匀速上升运动或自由下落，当要求附加高空风时，可以使用测风气球和无线电测风系统。另外，还可采用飞机、风廓线仪、雷达、GPS等测风方法和技术。气球测风是传统的测风方法，通过气球在空间的移动轨迹，计算空中水平风速。由于气球测风的高度不受目标特性的影响，其探测高度一般较高。用无线电探空测风仪来观测高空风向、风速，如带降落伞的下投探空仪，由于测量的是大气的水平运动，因此在观测过程中，跟踪的目标不能有任何相对于大气的明显的水平运动。直接跟踪系统必须提供的信息包括目标的高度、平面位置的测量或在已知时间间隔内的水平速度。

风廓线雷达又称风廓线仪，是为在所有天气条件下测量风廓线而设计的高频和甚高频多普勒雷达，它是利用大气湍流对雷达电磁波的散射作用来实现探测风速的目的。由于在大气中随时存在着各种尺度的湍流，它们引起的折射指数的不均匀变化，对无线电波会产生散射作用。湍流存在于气流之中并随之移动，可以将湍流作为风的示踪物。风廓线雷达就是以空中湍流为目标，在风场一致性和各向同性的假设条件下，通过测量雷达径向速度来反演所在地上空的三维风场，反演出大气风场垂直结构和辐散、辐合等信息。风廓线仪在增加无线电声学探测系统（RASS）后与微波辐射仪或GPS/MET水汽监测系统配合还可实现对大气的风、温、湿等要素的连续遥感探测，是一种新一代的高空大气探测系统。

GPS（全球定位系统）是现代高准确度的无线电导航系统，采用GPS测风技术是近年来发展起来的又一项高新技术，预期的GPS测风结果的准确度将相当于或甚至超过雷达，因此，在我国的气象观测体制中，由雷达测风为主逐步向由GPS测风为主的技术过渡也是一个必然。

虽然探测地面和高空风的技术手段和方法繁多，但在交通气象观测系统中，基于地面的测风技术仍是最重要的，测量的风是两维矢量（水平运动），用风向和风速表示。风向是指风的来向，最多风向是指在规定时间段内出现频数最多的风向。人工观测中，风向是用十六方位来表示的。在自动气象观测站中，风向以度（°）为单位，保留一位小数。在业务应用中，可转化为方位，其对应关系如表4.1。

风速是指单位时间内空气移动的水平距离，以米/秒（m/s）为单位，取一位小数。最大风速是指在某个时段内出现的最大10分钟平均风速值。极大风速（阵风）是指某个时段内出现的最大瞬时风速值。瞬时风速是指3秒钟的平均风速。表4.2为风力等级表及相应的风速中值和范围。

表 4.1 风向符号与度数对照表

方位	符号	中心角度/°	角度范围/°
北	N	0	348.76～11.25
北东北	NNE	22.5	11.26～33.75
东北	NE	45	33.76～56.25
东东北	ENE	67.5	56.26～78.75
东	E	90	78.76～101.25
东东南	ESE	112.5	101.26～123.75
东南	SE	135	123.76～146.25
南东南	SSE	157.5	146.26～168.75
南	S	180	168.76～191.25
南西南	SSW	202.5	191.26～213.75
西南	SW	225	213.76～236.25
西西南	WSW	247.5	236.26～258.75
西	W	270	258.76～281.25
西西北	WNW	295.5	281.26～303.75
西北	NW	315	303.76～326.25
北西北	NNW	337.5	326.26～348.75
静风	C	风速小于或等于 0.2 m/s	

表 4.2 风力等级表

风力等级	名 称	海面大概波高/m		平地 10 m 高处的风速/（m/s）	
		一般	最高	范围	中值
0	静风	—	—	0.0～0.2	0.0
1	软风	0.1	0.1	0.3～1.5	1.0
2	轻风	0.2	0.3	1.6～3.3	2.0
3	微风	0.6	1.0	3.4～5.4	4.0
4	和风	1.0	1.5	5.5～7.9	7.0
5	清劲风	2.0	2.5	8.0～10.7	9.0
6	强风	3.0	4.0	10.8～13.8	12.0
7	疾风	4.0	5.5	13.9～17.1	16.0
8	大风	5.5	7.5	17.2～20.7	19.0
9	烈风	7.0	10.0	20.8～24.4	23.0
10	狂风	9.0	12.5	24.5～28.4	26.0
11	暴风	11.5	16.0	28.5～32.6	31.0
12	飓风	14.0	—	32.7～36.9	35.0
13	—	—	—	37.0～41.4	39.0
14	—	—	—	41.5～46.1	44.0
15	—	—	—	46.2～50.9	49.0
16	—	—	—	51.0～56.0	54.0
17	—	—	—	56.1～61.2	59.0
18	—	—	—	≥61.3	—

4.1.4.2 风监测的基本原理

在交通气象观测系统中，可将实时监测的风速资料直接换算成风力，以方便用户的使用。

人工观测时，测量平均风速和最多风向。在交通气象自动观测站中，测量并计算出瞬时（3 秒钟）、2 分钟和 10 分钟的平均风速和风向，还可统计出最大和极大风速及风向。常用的观测风向风速的传感器主要有以下两种类型：一类是单翼风向传感器和风杯风速传感器。其中，风向传感器中风向的信号发生装置是由风标转轴连接一个由风标带动的 7 位格雷码组成，每一个格雷码代表一个风向，分辨率为 2.8125°。当风标转动时带动格雷码盘（常用七位，分辨率为 2.8°），按照码盘切槽的设计，码盘每转动 2.8125°光电管组就会产生新的七位并行格雷码输出。风速传感器是采用三杯式感应器，当风杯转动时带动同轴的多齿截光盘转动，使下面的光敏三极管有时接收到上面发光二极管发射的光线而导通，有时接收不到上面发光二极管照射来的光线而截止。这样就能得到与风杯转速成正比的脉冲信号，该脉冲信号由计数器计数，经换算后就能得出实际风速值。还有一种风速计的工作原理是风杯转动时带动同轴的磁棒旋转，在霍尔集成电路中感应出与风速成正比的脉冲信号，经计数器处理后，输出实际风速值。在地面气象观测中，类似的仪器还有 EL 型电接风向风速计、EN 型系列测风数据处理仪、轻便风向风速表等。

另一类是基于超声探测水平风向风速。其测量原理是基于超声传输时间，超声波从一个探头传送到另一个探头所需要的时间是与风速及超声通路有关，双向测量传输时间，零风速发送和返回的传输时间相等，超声通道之间的风是顶风传输时间递增而顺风传输时间则递减。通过对这两种传输时间的测量，利用微控制器计算通路间的风速，计算出的风速不受高度、温度和湿度的影响，一个通路重复测量探测风速。传感器探头相互之间保持 120°的偏离角，传感器配有模拟量输出或标准的 RS232 输出。

另外，风廓线仪是用于研究大气运动垂直结构的新一代设备，且无其他设备可以替代，可有效地弥补测风雷达的不足。几十年来传统的小球测风雷达一直未能克服放球、制氢和大量人工操作的缺点，而且观测间隔过大，无法反映天气的快速变化，尤其对阵风、风切变和下击暴流这些危害性大的天气现象。风廓线仪的最大优势就是采用了遥感原理，可实时提供垂直气流的分布廓线，获取灾害性天气将要形成的信息。所以，风廓线仪对于发展天气学和航空气象保障都是非常有用的。按照探测高度的不同，风廓线仪有边界层风廓线仪、对流层风廓线仪、平流层风廓线仪。

在航空气象保障中，出于应付低空风切变对飞机安全的影响，越来越多的机场配备了地面多普勒雷达，利用它可以发现一些类型的风切变。为了使飞行员能够及时发现和避开风切变，飞机上还装备相应的机载反应及预警系统。机载低空风切变微波雷达就是其中之一，它探测微下击暴流低空风切变的机理是基于多普勒效应。对微波雷达而言，所谓多普勒效应就是：若目标是运动的，则目标反射的回波信号频率与发射信号频率是不同的，其差值即所产生的多普勒频率与雷达和目标两者相对径向运动的速度有关，此种现象称为多普勒效应。微波多普勒雷达是地面风切变探测系统中性能最先进并最有发展前景的一种系统。

4.1.4.3 几种流行的风监测设备

(1) EL15 风向/风速传感器（图 4.10）

EL15-2A 风向传感器是用于测量风的水平风向的仪器。在系统数据采集中的具体算法是：每 3 秒钟采样 1 次，即每分钟采样 20 次，得到每分钟的瞬时平均风速（3 秒钟）和 2 分钟、10 分钟的平均风速时的风向，还可统计出最大和极大风速时的风向。

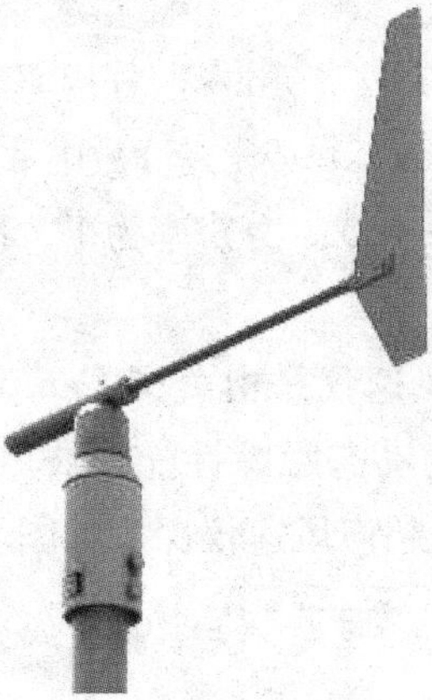

EL15-2A 风向传感器

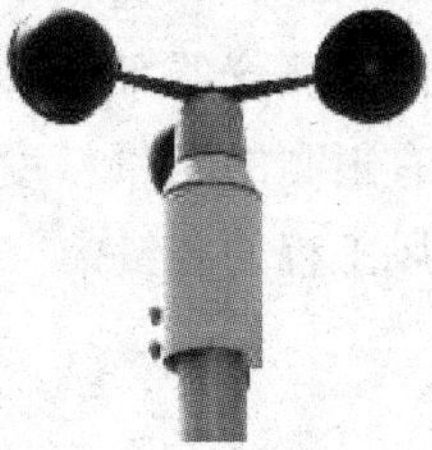

EL15-1A 风速传感器

图 4.10 EL15 系列风向风速传感器

主要技术指标：测量范围为 0°～360°，分辨率为 3°，准确度为±5°，响应灵敏度为 0.3 m/s（在风向标偏转 30°时）。

EL15-1A 风速传感器是用于测量风速并转换为电脉冲信号的仪器。在系统数据采集中的具体算法是：每 3 秒钟采样 1 次，即每分钟采样 20 次，得到每分钟的瞬时平均风速（3 秒钟）和 2 分钟、10 分钟的平均风速，还可统计出最大和极大风速。

（2）WS425 超声风向风速传感器

WS425 超声风向风速传感器是芬兰 Vaisala 公司生产的新型测风产品（图 4.11）。

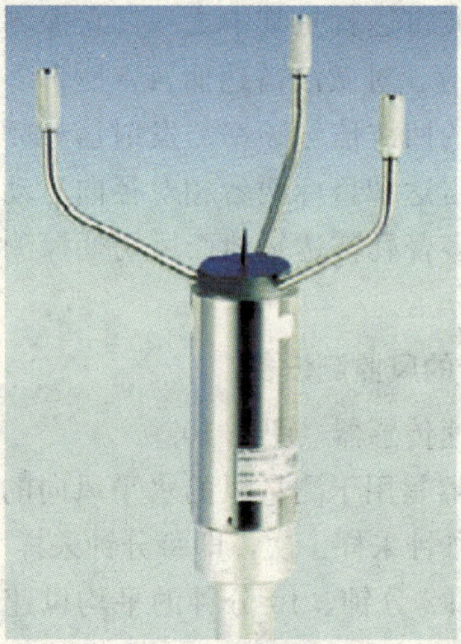

图 4.11　Vaisala WS425 超声风向风速传感器

风速的主要技术指标：测量范围为 0.0～65.0 m/s，分辨率为 0.1 m/s，准确度取±0.135 m/s（±0.3 mph，±0.26 knots）或 3%读数中取的较大值。

风向的主要技术指标：测量范围为 0°～360°，分辨率为 1°，准确度为±2°。

（3）CSAT3D 超声风速仪

湍流风特性观测仪器 CSAT3D 超声风速仪是由美国 Campbell Science 公司生产的，具有很高的测量精度和良好的动态跟踪性能，被广泛应用于边界层湍流和结构风工程的测量中。CSAT3D 超声风速仪探头如图 4.12。

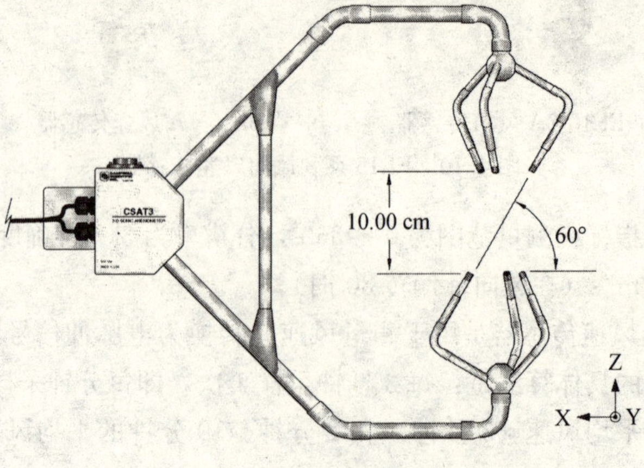

图 4.12　CSAT3D 超声风速仪

CSAT3D 超声风速仪主要技术指标：水平方向风速量程为±60 m/s，测量精度<30 mm/s；垂直方向量程为±8 m/s，测量精度<4 mm/s。

CSAT3D 超声风速仪的风速信号采用 CR23X 数据记录仪采集数据，并通过 PC 机串口程序实时存储，从而实现长时间不间断的湍流观测。

（4）Airda16000 型风廓线仪

Airda16000 型风廓线仪（图 4.13）是由北京市爱尔达电子设备有限公司研制生产的，它由五波束相控阵天线、雷达控制系统和软件组成。雷达控制系统由信号处理器、频综/接收、直流电源、发射前级、发射末级和稳压电源六部分组成。软件包括雷达运行、信号处理和大气风廓线程序应用软件。其中相控阵天线安装在一块 20 m×20 m 的平地上，雷达控制系统安置在控制方舱内，可在无人值守状态下以遥感方式、连续实时获取 50～16000 m 高度范围内的分层风速、风向和垂直气流等数据。

图 4.13　Airda16000 型风廓线仪

Airda16000 型风廓线仪的基本工作原理是：采用五波束相控阵天线，由信号处理器产生波束控制信号，按一定时间间隔轮流生成五个方向的波束，发射机将激励信号按指标规定放大成功率射频脉冲，由天线发送出去，射频脉冲经湍流大气散射形成连续的回波信号，天线收到的回波信号产生一对正交的视频相位信号（I，Q），经数字脉冲压缩、FFT 运算和谱矩运算处理生成原始数据，再由气象应用软件处理成风廓线和其他气象产品，以便实时直观地观察风廓线仪的运行情况。同时，信号处理器还要生成各种时序信号、脉冲调制信号和相位调制信号，管理整个雷达系统有序地运行。

（5）LAP-3000 大气风廓线仪

LAP-3000 大气风廓线仪是利用多普勒效应能够探测其上空风向、风速和温度等气象要素随高度的变化情况，通过发射不同方向的电磁波束，接收并处理这些电磁波束因大气垂直结构不均匀而返回的信息进行气象探测，为天气预报服务提供及时资料。

LAP-3000 大气风廓线仪是我国气象部门第一台应用于日常业务的风廓线仪，我国的神舟六号载人航天主着陆场首次使用了 LAP-3000 风廓线雷达，并和测风塔（高 102 m）配合使用，大大提高了对浅层风的预报精度。

LAP-3000 大气风廓线仪是一个五波束的多普勒雷达，发射波束中一束垂直指向天顶，另外四束分别指向东、南、西、北方向，偏离天顶±15°，波束宽度小于 8°，雷达发射频率 1290 MHz，发射峰值功率≥600 W，平均最大功率 72 W（图 4.14）。

图 4.14　LAP-3000 大气风廓线仪

4.1.5　影响交通的雷电灾害监测技术

在自然灾害中，由雷电引起的灾害算是较严重的一种气象灾害。雷电对人类、人类赖以生存的自然资源和人类创造的现代物质文明均构成巨大的威胁。由于在现代交通运输系统中，大量地应用电子产品，如交通收费系统、交通监控系统等，它们中的许多设备大多暴露在野外且分散设置，外场设备和室内监控、管理等涉及的许多设备都是通过网络连接，往往是一个地方遭受雷击就会造成较大范围的相关系统瘫痪。所以，雷电也是对交通运输系统影响较为严重的气象灾害。

雷电灾害表现出巨大的破坏性，同时雷电还表现为强大的冲击波、剧变的电磁场、强烈的电磁辐射、炽热的高温等，而这些目前人类还无法控制和阻止它的产生。因此，在交通运输管理中，应加强雷电的预防和雷电灾害发生时的应急处理。实施雷电监测也是做好雷电短时临近预警的一项基础工作，为交通运营管理争取宝贵的应急防范时间。

4.1.5.1 雷电监测技术研究进展及基本方法

雷电的监测方法主要有目测法、照相法、电场仪、闪电计数器、光谱仪、脉冲电压记录仪、卫星闪电探测器、声探测器、雷达探测等。

照相观测方法：照相机对闪电观测是研究闪电的重要工具之一。闪电的照相观测方法主要有二类。一是闪电的高速旋转照相法：其结构是将两个照相机的镜头分别安装在一旋转圆盘的一条直径的两端，镜头随圆盘高速旋转。当观测闪电时，闪电成像于两镜头后面的静止底片上，由于圆盘快速旋转，两镜头各向相反的方向移动，由于镜头的高速移动，闪电光不是同时到达底片上，使得照相底片上感光的闪光发生畸变，但是这畸变方向是以直径为对称的，镜头的旋转速度是已知的，所以通过对两幅图的比较分析及一系列处理后，就可以推断出闪电的方向和速度；并且可以判断闪电发展的连续相位，从而得到闪电的结构和发展过程。二是高速线扫描照相机：为观测回击闪电通道径向（侧向）变化而制作的一种高速扫描照相机，它是对一般线扫描照相机的改进。

闪电电场的测量：闪电引起的强电流是重要的闪电参量，其中闪电电流的幅值和闪电电流的波形，对于雷电的防护和防雷工程的设计是必须要考虑的一个重要参量，同时由确定的雷电电流数据可以推算电荷、能量、电矩及其他有关参量。因此对闪电电流的观测和监视，对于了解和研究分析大气中的闪电过程有重要意义。如从雷电峰值电流分析发现：对地或对低建筑物的闪击，几乎都是由向下先导引发的，而若建筑物高达 100 m 或其以上时，则向上先导引发的闪击比例增大。

雷电流的测量：测量雷电流一般有以下三种方法：第一种方法是通过测量精密分流电阻上的电压降，由此可算出闪电电流的大小；第二种方法是利用感应线圈上的电压 $V = M\mathrm{d}i/\mathrm{d}t$ 测出 V，再对时间积分就能求出闪电电流，即 $i = 1/M\int V\mathrm{d}t$；第三种方法是采用数字贮存示波器自动记录闪电电流的波形。在测量雷电电流时，如果在电路中采用电容和电感器件，就会影响测量的时间分辨率，所以在电路中不希望有电容和电感器件的存在。为提高测量时间精度，采用电阻（称无感）分路和示波器进行。

雷电的计数和定位：雷电的计数和定位测量有非定向闪电计数器和闪电单站（或多站）定位仪两种方法。

非定向闪电计数器：闪电密度由闪电计数器获取，一般闪电计数器设计成带宽 1～50 kHz、灵敏度为 3 V/m，只需用一根垂直天线，经距离校正后就能测量给定地区单位面积上的闪电活动，研究闪电天电的频率谱分布。这种闪电计数器不能给出闪电的方位，也不能区分云闪和地闪。

闪电单站定位仪：雷暴的定位方法可分为单站定位系统、多站定位法两种。单站定位系统是利用闪电电磁场相位差和闪电天、地波到达时间差的原理而制作的，可以测量 250 km 范围内地闪的方位、距离、强度和极性。由单个点观测只能确定闪电的方向，如要确定雷电的位置，则必须由多个测站完成。雷电的多站定位：是利用两个或多个测站确定雷暴位置的方法。在单个测站上利用有两个相同垂直环形天线分别指向南北和东西的定向仪，接收闪电发出的讯号。

定向闪电计数器：有正负闪电计数器、半导体闪电计数器、闸流管闪电计数器等多种类型。它接收来自各方向的闪电信号，通过计数器进行计数，从而确定闪电频数，根据闪电频数的变化判断云的性质。

卫星监测雷暴：卫星为进行大范围探测闪电提供了理想平台，多年来，已有多颗静止气象卫星装载有记录闪电信号的观测仪器，美国国防气象卫星上载有各种探测闪电的探测器。极轨卫星星载闪电探测仪器只能提供风暴的瞬间图像，由于时间分辨率低，不能提供全天时的雷暴云系。

4.1.5.2 几种流行的雷电监测设备

(1) ADTD 闪电定位系统

ADTD 闪电定位系统是一套云地闪探测系统，能够实时对云地闪的发生位置进行定位。闪电发生的时候都会向外辐射电磁波，通过人们对大量观测数据的统计发现，云地闪辐射的电磁波有其固有的特征，正是基于这一原理，通过设置多个探测点监测波形特征点到达每个探测站的准确时间，从而实现对云地闪的精确定位。ADTD 闪电定位仪通过设定阈值、波形前沿时间、波形后沿时间、多峰干扰、尖峰干扰、反峰干扰六个特征判据将云地闪信号选出来，记录主峰到达的精确时间，将数据发送到远程中心站进行多站综合定位处理。

ADTD 闪电定位系统的主要技术参数：探测效率约为 80%～90%，探测范围为 0～600 km、平均 300 km，测向精度为 0.5°（理论随机误差），时间精度为 130 ns（相对世界时），回击的分辨率为 3 ms（云地闪）和 1 ms（云闪）。

(2) DNDY 地面电场仪

地面电场仪是直接安装在地面上进行电场测量的，与云底部相反的电荷会被地面电场仪感应到，而在地面电场仪灵敏度范围内，地面电场仪上的感应电荷强度与云底部附近的电荷成正比，因此地面电场仪可以帮助我们实时探测其周围地区的大气电场信号。

DNDY 型地面电场仪是一种高集成度的探测设备，室外设备直接将探测结果进行 AD 转换，通过串口传给远程通信模块。室内的通信模块将收到的数据实时发送到远程终端进行显示。

室外探头主要包括电源和探头两部分。探头负责对地表附近的大气电场进行测量，在完成一次数据采集以后将转换结果打上时标发送出去。电源部分主要对探头进行供电，电路板上的指示灯显示电源和数据发送是否正常。此外，电源部分还包括对市电和串口的防雷，抵抗雷击或电网中大功率设备通断电产生的浪涌侵袭，保护设备不受损坏。

室内设备主要是通信部分，负责将探测数据通过网络发送到当地或远程显示终端。通信模块可选有线和无线两种，如果是无线，则可将传输模块放到电源盒里面，从而省去了中间的通信传输线。

DNDY 型地面电场仪主要技术参数：输入范围在−50～+50 kV/m，模拟输出量为−2.5～2.5 V，精确度<20 V/m，响应时间为 1 s。

4.1.6 影响公路交通的道面综合状况监测技术

许多气象灾害的发生会直接在一些交通设施（如公路、铁路等）上产生累积、演变效果，如公路上的积水、积雪、结冰等以及高（低）温对路面、路基的影响等。虽然目前的相关技术还存在欠缺，能投入实际应用的成熟设备也较少，但加强和发展交通道面综合状况的监测技术仍是未来交通气象监测的一项重要内容。

DSC111（Spectro）遥感道面传感器设备（图 4.15）是芬兰 vaisala 公司生产的新产品，它是一种非浸入式遥感测量道面状态，采用光谱测量原理，可观测路面的状态，即可测出降水时路面上的水层厚度、冰层厚度、雪层厚度以及路面上的干、潮、湿、雪、霜等状态。由于遥感式安装意味着无需在道路上切割开槽或封闭道路施工，可安装在路边的立柱上，所以它避免了以往安装道路气象观测站时的诸多不便。

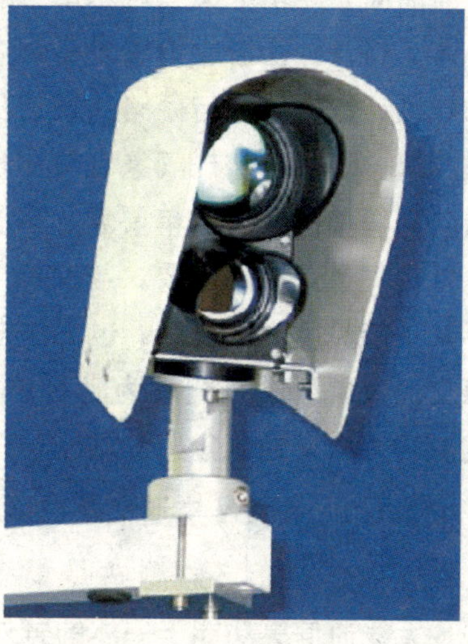

图 4.15　Vaisala DSC111 遥感道面状态传感器

DSC111（Spectro）遥感道面传

感器的主要技术参数：水层厚度测量范围为0.00～2.00 mm，冰层厚度测量范围为0.00～2.00 mm，雪层厚度测量范围为0.00～10.00 mm，上述的厚度测量分辨率均为0.01 mm，可测出道面的干、潮、湿、雪、霜、冰、冰水混合物等状态，测量距离为2～15 m，测量点为距离传感器安装点10 m处直径20 cm圆面积路面范围内，安装时的地平线安装角度为30°～85°。

4.2 交通气象监测站及信息传输网络技术

为交通工程建设、运营提供气象信息及保障服务而设的交通自动气象观测站布设在交通工程沿线、场站，受到各种条件的限制，它不能像常规气象站那样拥有标准的观测场地，观测仪器也无法按照常规气象观测站按一定标准摆放，无法实现逐站人工观测，尤其是那些按需要布设在人迹罕至特殊地段的测站更是如此。同时，由于气象灾害的突发性和局地性，也不能按整点进行观测，有些观测时距减少到10分钟甚至1分钟。因此，针对交通气象的实际，气象观测必须采用集各种要素观测于一体的综合气象观测站，并采用计算机、通信、自动化等技术，构建监测网络、监控、数据本地存储与远程传输系统，实现交通工程沿线气象环境数据的实时传输，满足交通工程沿线气象预报预警及防灾减灾决策的需求。

4.2.1 综合交通气象监测站

前面简要介绍了交通气象的一些观测仪器，我们看到，这些仪器大都自成一体。将各种仪器或传感设备综合集成为一结构紧凑的综合观测站，具有自动观测、数据处理与存储及发送功能的综合气象自动监测站则是近些年的研发成果。目前，常规气象观测中使用的主要是由无锡自动化研究所、中国华云公司等单位研发的单要素、多要素自动观测站，但这些自动站主要满足加密常规气象观测的需要，与交通气象保障需求的结合并不十分密切，如一般不具备能见度观测功能，也无法根据实际需求扩充和减少观测内容。为此，南京交通气象科学研究所为满足沪宁高速公路交通气象实验与保障的需求，研发成功综合交通气象监测站——AMW交通气象监测站。

4.2.1.1 AMW交通气象监测站简介

AMW交通气象监测站是集多气象要素的自动采集、存储、CDMA/GPRS无线通信等功能于一体的野外自动监测装置（图4.16）。

AMW交通气象监测站是在常规气象观测站的基础上增加了能见度、路面温度、水面温度等传感器，使得该监测站的功能和实用性满足交通气象的特殊要求。能见度、温湿度、风、降水等各种气象要素同步采集、存储和无线通信上传，为用户群提供了外场的实时气象监测信息，也为气象部门进行气象灾害的预警和临近预报服务提供了基础的和必要的气象信息。

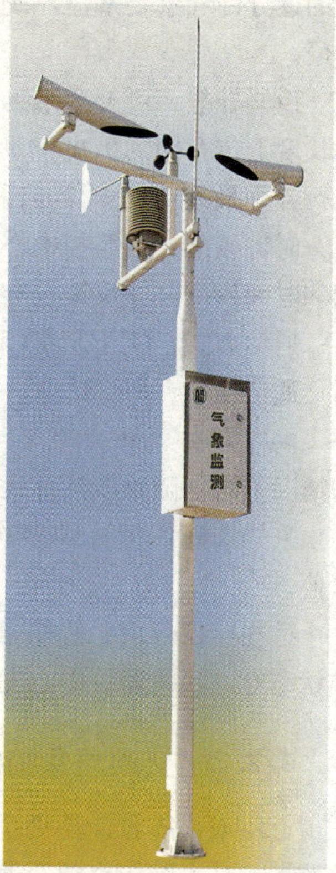

图 4.16　AMW 交通气象监测站

4.2.1.2　AMW 交通气象监测站的组成和结构

AMW 交通气象监测站主要由主控系统、传感器、机箱和组合支架、电源转换及管理单元、蓄电池、无线通信单元、防雷单元、通信线缆、太阳能板及支架（选配部件）等部分组成。AMW 交通气象监测站配有专用机箱和分体式组合支架，恰当地将多个气象要素传感器分布于支架上，所有电源、通信信号线均从金属管内穿线，连接部件采用防盗设计。

主控系统的主要特点：16/32 位 ARM7TDMI-S 核 CPU 控制芯片；4 个 16C550 工业标准 UART；2 MB 存储空间，可连续存储一个月的逐分钟监测数据；系统自带低功耗的 CMOS 实时时钟芯片，可接受监控中心校时指令，以保证监测站网的时钟同步；系统自带看门狗定时器；操作电压范围为10.8～13.2 V（12V±10%）。

4.2.1.3　AMW 交通气象监测站的主要功能

监测要素：能见度、空气温度、相对湿度、风向、风速、雨量、气压、路面或水面温度，可灵活选配一个或多个气象要素。

自动采集和预处理：自动采集各气象要素数据，对采集数据进行预处理，能对采集数据进行相关统计形成逐分钟或按定时段的值并定位存储。

智能化管理存储器：自动管理采集器内置存储器，具有内存自动清除、循环管理、采集时间记忆、未测和缺测标记等功能；存储器可保存 1 个月（31 天）采集到的各气象要素的数据。

自动上传监测数据：自动定时（每 1、5、6、10、30 分钟或每小时）上传气象采集资料，每小时上传一次监测站工作状态参数。

设置自动上传时间间隔：可设置成每 1、5、6、10、30 分钟自动上传当前的逐分钟气象要素值，或设置成每小时自动上传当前小时的逐分钟气象要素值。

遗漏补登：可补登采集器中存储的气象资料，按1分钟、10分钟或1小时长度上传存储的历史记录，可人工选择补登，也可由监控系统自动分析并执行补登最近48小时的遗漏资料。

时钟校准：由监控中心软件下传日期和时间值对监测站的采集器进行日期和时间校准，并反馈校准信息。月累计误差<30 s。

通信方式：GPRS或CDMA。

通信接口：RS232。

供电方式：AC 220 V或太阳能供电，在外供电源或连阴雨导致充电中断的情况下可保障系统连续运行10天以上。

采样周期：每分钟多次采样，经相关算法和统计得到每分钟的各个要素值。

远程监控管理：监测站状态信息收集，如机箱内环境温度、各传感器工作状态等，接收监控中心发送来的指令查询并上传状态信息集。

4.2.2 交通气象监测网络系统

近年来，随着计算机技术、自动化信息技术和通信技术的发展，交通气象监测的技术结构也随之发生变化。交通气象监测系统由单一的计算机集中处理方式代之为多计算机功能分散的计算机网络处理方式，从而使系统可靠性提高，程序编制简单，易于维护和功能扩展。应用于系统中的各种设备向智能化方向发展，使今后交通气象监控信息为交通气象服务提供了准确、及时的数据保障。

交通气象监测系统主要由气象数据采集系统、气象数据处理中心、气象监控中心（交通部门监控中心和气象局监控中心）、气象服务信息平台四大系统组成。

4.2.2.1 交通气象监测系统基本概况

气象数据采集系统主要是每分钟实时采集各种气象观测要素，并将气象数据发送到气象数据处理中心。

气象数据处理中心主要负责接收来自采集系统的数据并对其进行审核，经审核后将数据分发到气象数据中心库，同时也负责处理交通气象预报服务产品的入库工作。气象数据中心库有两个，一个装在气象局的交通气象监控中心，另一个装在交通部门的监控中心。

气象监控中心主要负责全线路范围内数据的监视和控制，提供实时预警功能，各级分中心与指挥中心进行直接联网。

气象服务信息平台由气象局的交通预报服务部门提供各种交通气象服务产品和常规天气预报产品，通过网络能及时高效地访问中心数据库里的各种产品。平台提供两种架构，一种 C/S 模式（Client/Server 客户端/服务器），一种 B/S 模式（Browser/Server 浏览器/服务器）。

现代交通气象监测采集系统中的通信方式多数有以下几种：

现场总线和 RS－485。对于一些实时性要求不高的场合，可以利用 RS－485 代替现场总线进行数据信号的传输。此种传输方式受传输距离限制，另外信号容易受干扰，纠错、检错能力不强，传输中系统容量和传输终端的数量受限制等也是比较严重的问题。

光纤通信。光纤通信与其他通信比较有以下优点：光纤传输频带宽，通信容量大，传输损耗小，光电隔离不受电磁干扰。但其运行和维护成本非常昂贵，在交通气象监测采集系统中铺设光缆和维护光端设备的投入将是巨大的，即使是数据通道使用交通部门的网络也会有一些弊端，如布设的一些站点交通部门的网络无法到达等问题。

无线通信技术。随着无线网络在国内的迅速崛起，GPRS 和 CDMA 1× 网络已经开始广泛应用。现代无线通信技术的迅速发展，为交通气象监测及预报预警信息的传输提供了更加经济、快捷的手段。

DTU（Data Termination Unit，数据终端设备）简介：

DTU 目前主要有两种类型的设备，一种基于 GPRS，一种基于 CDMA。

GPRS 是通用分组无线业务（General Packet Radio Service）的英文简称，是在现有 GSM 系统上发展出来的一种新的承载业务，目的是为 GSM 用户提供分组形式的数据业务每个用户可同时占用多个无线信道，同一无线信道又可以由多个用户共享，资源被有效利用，数据传输速率高达 160 kb/s。使用 GPRS 技术实现数据分组发送和接收，用户永远在线且按流量计费，降低了服务成本。

GPRS 采用与 GSM 同样的无线调制标准、频带、突发结构、跳频规则、TDMA 帧结构，这种新的分组数据信道与当前的电路交换的话音业务信道极其相似。因此，现有的基站子系统（BSS）从一开始就可提供全面的 GPRS 覆盖。GPRS 允许用户在端到端分组转移模式下发送和接收数据，而不需要利用电路交换模式的网络资源，从而提供了一种高效、低成本的无线分组数据业务，特别适用于间断的、突发性的和频繁的、少量的数据传输，也适用于偶尔的大数据量传输。

GPRS 理论带宽可达 171.2 kb/s，实际应用带宽大约在 40～100 kb/s，在此信道上提供 TCP/IP 连接，可以用于 internet 连接、数据传输等应用。

CDMA 无线 DDN 通信系统：

CDMA 1×原意是指 CDMA 2000 的第一阶段（速率高于 IS-95，低于 2 Mb/s），可支持 308 kb/s 的数据传输，网络部分引入分组交换，可支持移动 IP 业务，是在现有 CDMA IS-95 系统上发展出来的一种新的承载业务，目的是为 CDMA 用户提供分组形式的数据业务。

CDMA 1×（第一阶段）扩频速率为 SR1，即指前向信道和反向信道均用码片速率 1.2288 Mb/s 的单载波直接序列扩频方式。因此，它可以方便地与 IS-95（A/B）后向兼容，实现平滑过渡。运营商可在某些需求高速数据业务而导致容量不够的蜂窝（CDMA one）上，用相同载波部署 CDMA 1×系统，减少了用户和运营商的投资。由于 CDMA 1×采用了反向相干解调、快速前向功控、发送分集、Turbo 编码等新技术，其容量比 IS-95 大为提高。在相同条件下，对普通话音业务而言，容量大致为 IS-95 系统的两倍。

CDMA 1×理论带宽可达 300 kb/s，目前的实际应用带宽大约在 100 kb/s 左右（双向对称传输），在此信道上提供 TCP/IP 连接，可以用于 internet 连接、数据传输等应用。

无线数据通信系统是集计算机技术、GPRS 和 CDMA 1×无线网络平台及数据通信技术于一体的综合系统，通过 GPRS 和 CDMA 1×无线终端模块，借助于 GPRS 和 CDMA 1×无线网络平台，采用无线通信模块、GPRS 和 CDMA 1×网络将其传输到数据业务中心，实现对各用户设备终端的双向数据通信。

基于 GPRS 和 CDMA 1×网络的无线数据通信系统主要由三大部分组成：无线数据终端设备（DTU）；传输网络：中国移动 GPRS 和中国联通 CDMA 1×无线网络；数据业务中心：实时数据收发服务器、实时数据库服务器及用户控制操作界面等。

数据中心接入方法：通过固定公网 IP 连接，有一台连接 Internet 的服务器，并有固定公网 IP 地址，但是考虑到服务器的稳定运行问题，通常不允许在服务器上安装其他应用软件。通过 NAT 端口映射方式，数据中心系统可以作为内网中的一台服务器实现与现场采集点 GPRS 和 CDMA 1× DTU 实现数据通信。

接入方法的特点：数据监控中心能够提供固定公网 IP 地址，不必借助 DNS 域名解析服务器，通过 Internet 互联网进行数据转接。数据中心数据传输带宽能够保证，一般宽带上网的带宽都在几百 kbps 左右，接入成本和费用较低，非常方便。

气象部门监控中心与交通气象监控中心网络拓扑结构图如图 4.17，其设计原则：

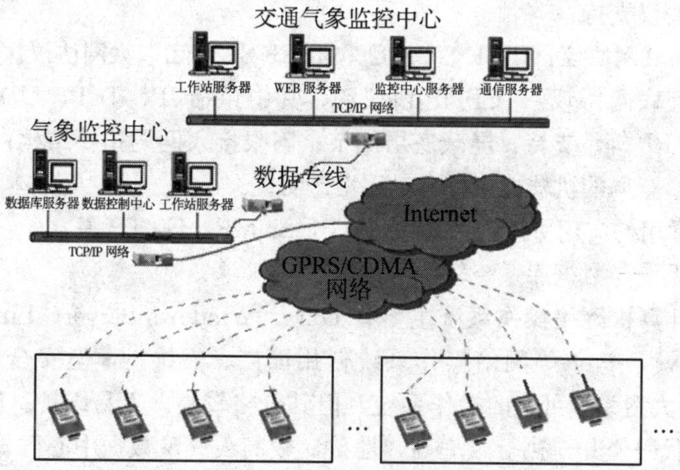

图 4.17　气象部门监控中心与交通气象监控中心的网络拓扑结构图

(1) 先进性：主要表现在设计思想先进，软硬件设备先进，网络结构先进，开发工具先进。

(2) 开放性：所采用的技术与设备必须是网络建设中最为流行的技术，代表着网络技术发展的方向，软件和硬件要符合接口标准与规范，保证系统有很好的互联性，不但便于系统目前的集成，还便于未来系统的扩充。全部硬件设备必须符合工业标准，系统软件采用通用和流行的版本，开发方式和开发工具要有开放性。

(3) 升级性和扩展性：网络硬件设备和软件平台均能够在规模和性能两方面进行扩展和升级，开发的应用软件必须具有较大的扩展余地。具体体现在：网络带宽的扩充、网络接入能力的扩充、网络交换方式的扩充、网络安全性的扩充和加强、系统的硬件扩充与升级、系统开发功能的扩充与升级、服务功能的扩充。

(4) 经济性与实用性：所采用的设备与技术一定要成熟，设备与软件平台都应有良好的声誉，不冒险追求高端的新产品与新技术。建设方案既能满足目前的需要，又要考虑将来发展，做到投资少、开发快，充分利用已有的网络及计算机资源。

(5) 稳定性与可靠性：主要设备，例如服务器、主交换机等重要硬件及网络设备均采用适当冗余，以满足高稳定性和可靠性要求。

(6) 安全性：整个系统建设要充分考虑各方面的安全可靠，诸如系统安全、机房安全、数据安全等；在多个层次上实现安全访问控制，例如采用防火墙、代理服务、虚拟网等多种安全措施。

网络协议支持：

(1) 局域网协议：IEEE 802.3U 和 IEEE 802.3Z 以太网协议。

(2) 互联网协议：TCP/IP 协议簇，其中包括 IP、TCP、UDP、ICMP、ARP、RARP 等。支持：屏蔽底层细节；不限接入网的拓扑结构；所有计算机共享一个全局的机器标识符；对用户透明。

(3) 常用的应用协议：FTP，SMTP，SNMP，HTTP 等。

操作系统与数据库系统软件：

(1) 计算机网络操作系统主要有 Unix、Windows Server、Linux 等，其中 Windows Server 等网络操作系统使用面广、易维护，但安全性能较差。Unix 则为大型系统可选的操作系统，但其价格较高，不易维护。Linux 为自由软件，代码公开，执行效率高，性价比较高。气象数据中心数据库服务器采用 Linux 系统。

(2) 数据库管理系统为 Oracle 9i。美国 Oracle 公司是目前世界上最大的数据库厂商，Oracle 9i 是在广泛使用的 Oracle 8i 的基础上推出的新一代对象关系数据服务器系统。Oracle 9i 除保持原有 Oracle 系统的强壮性和已有功能外，在整体可用性、性能及可管理性方面都有了显著提高。它在资源利用和性能方面的优势，使之可支持数以万计的用户和有百亿字节数据的大型系统，所以 Oracle 9i 是气象数据中心首选的数据库系统，但价格较高。如果经济投入有限，可考虑开源的 MySQL 数据库系统。

数据库的设计：数据库是整个系统的基础，在设计中应遵照规范性、独立性、安全性、一致性、可扩展性的原则，建立层次结构清晰、布局合理、易于维护的数据库体系结构。

根据数据库资料来源、用途、存储地点和扩展性，将数据库系统结构分为四个层次，即气象基础数据库、气象专用数据库（局部数据库）、气象公用数据库（共享数据库）和气象决策服务数据库，综合考虑数据的冗余与共享，充分利用数据库分布能力，提高系统的灵活性与可扩展性。

4.2.2.2 示范项目简介——沪宁高速公路气象监测网络系统

沪宁高速公路气象监测系统是我国目前已建的密度最大、数量最多、功能最全的公路交通气象监测网络系统，沪宁高速公路已成名副其实的“气象路”，引起全国交通系统的关注。

沪宁高速公路是连接我国最大的经济中心上海与江苏省苏南地区的黄金交通要道，是长江三角洲路网中的主骨架。特别是于 2006 年完成了八车道扩建改造工程后，作为交通大动脉的作用更加突出。然而，由于沪宁高速公路地处江南水乡，水网密布，又东临海洋，对其交通运输安全高影响的气象灾害频发，如低能见度浓雾、暴雨（强降水）、大风、台风、高温等。江苏省气象局与江苏宁沪高速公路股份有限公司经过多年的密切合作，建成了沪宁高速公路气象监测网络系统，并以此为基础研制了集监测、预警、临近预报和服务等为一体的交通气象专业服务系统，并已实现业务化运作。

沪宁高速公路气象监测网络系统由安装在沪宁高速公路江苏段（近250 km）沿线的26套AMW交通气象监测站组成，其中6套安装在服务区，6套安装在收费站，14套安装在沪宁高速公路主线上，每个监测站的安装基础均为现场预制的宽1.5 m、长3.0 m的基础平台。监测站可采集能见度、路面温度、空气温度、湿度、气压、风向、风速、雨量等气象要素。监测站主要由主控系统、传感器、机箱和组合支架、通信模块、线缆等部分组成。沪宁高速公路江苏段AMW监测站设置点如图4.18所示，耸立在公路边的AMW监测站见图4.19。

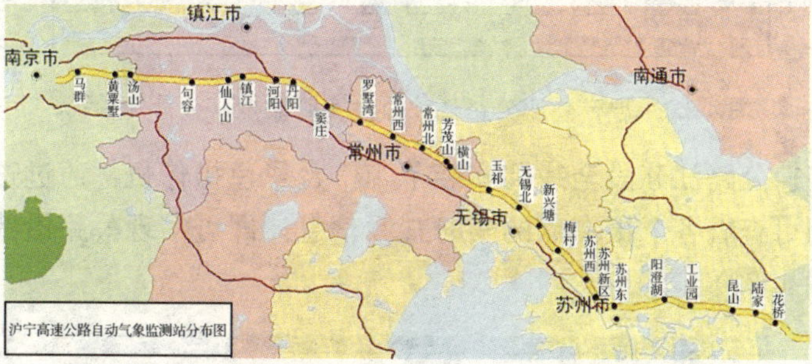

图4.18　沪宁高速公路气象观测站网布点示意图

图4.19　沪宁高速公路AMW交通气象监测站（芳茂山区）

观测站通过 CDMA 无线通信方式与监控中心进行实时在线连接，各个监测站每分钟上传一组气象记录信息（图 4.20），由监控中心接收处理后再导入服务器中的数据库，监控中心及各分显示终端可根据设定的警报阈值给出分级色彩、音响报警。

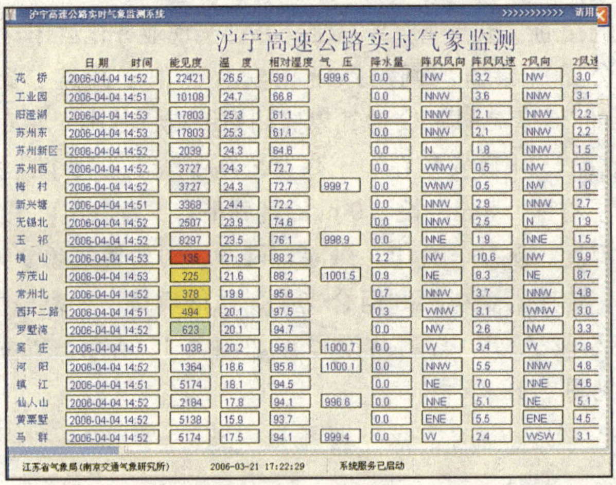

沪宁高速公路实时气象监测系统

沪宁高速公路实时气象监测

	日期　时间	能见度	温　度	相对湿度	气　压	降水量	阵风风向	阵风风速	2'风向	2'风速
花　桥	2006-04-04 14:52	22421	26.5	59.0	999.6	0.0	NW	3.2	NW	3.0
工业园	2006-04-04 14:51	10108	24.7	66.8		0.0	NNW	3.6	NNW	3.1
阳澄湖	2006-04-04 14:53	17803	25.3	61.1		0.0	NNW	2.1	NNW	2.2
苏州东	2006-04-04 14:53	17803	25.3	61.1		0.0	NNW	2.1	NNW	2.2
苏州新区	2006-04-04 14:52	2039	24.3	64.6		0.0	N	1.8	NNW	1.5
苏州西	2006-04-04 14:52	3727	24.3	72.7		0.0	WNW	0.5	NW	1.0
梅　村	2006-04-04 14:52	3727	24.3	72.7	999.7	0.0	WNW	0.5	NW	1.0
新兴塘	2006-04-04 14:51	3368	24.4	72.2		0.0	NNW	2.9	NNW	2.7
无锡北	2006-04-04 14:52	2507	23.9	74.6		0.0	NNW	2.5	N	1.9
玉　祁	2006-04-04 14:52	8297	23.5	76.1	998.9	0.0	NNE	1.9	NNE	1.5
横　山	2006-04-04 14:53	135	21.3	88.2		2.2	NW	10.6	NW	9.9
芳茂山	2006-04-04 14:53	225	21.6	88.2	1001.5	0.9	NE	8.3	NE	8.7
常州北	2006-04-04 14:52	378	19.9	95.6		0.7	NNW	3.7	NNW	4.8
西环二路	2006-04-04 14:51	494	20.1	97.5		0.3	WNW	3.1	WNW	3.0
罗墅湾	2006-04-04 14:52	623	20.1	94.7		0.0	NW	2.6	NW	3.3
窦　庄	2006-04-04 14:51	1038	20.2	95.6	1000.7	0.0	W	3.4	W	2.8
河　阳	2006-04-04 14:52	1364	18.6	95.8	1000.1	0.0	NNW	5.5	NNW	4.8
镇　江	2006-04-04 14:51	5174	18.1	94.5		0.0	NE	7.0	NNE	4.6
仙人山	2006-04-04 14:52	2184	17.8	94.1	996.6	0.0	NNE	5.1	NE	5.1
黄栗墅	2006-04-04 14:52	5138	15.9	93.7		0.0	ENE	5.5	ENE	4.5
马　群	2006-04-04 14:52	5174	17.5	94.1	999.4	0.0	W	2.4	WSW	3.1

江苏省气象局（南京交通气象研究所）　2006-03-21 17:22:29　系统服务已启动

图 4.20　沪宁高速公路气象监测实时监控（报警）系统

沪宁高速公路江苏段全线共安装了 101 台彩色摄像机，通过这一专线通道气象部门可查看各个摄像点的实时视频信息，即可实现公路沿线的实景气象观测（图 4.21）。

图 4.21　沪宁高速公路沿线视频摄像信息共享接收系统

第5章 交通气象灾害的预报预警与信息发布

气象灾害对交通的影响、威胁和危害正在与日俱增，所以交通气象灾害的预报预警与信息传递、发布在当前尤显迫切与必要。智能交通系统是通过通信系统和信息网络系统，把交通运输各部门连接起来，其目的是为交通运输系统各部门提供信息交流，为已连接到智能交通系统通信网络中的任何部门、任何个人传送交通天气信息，用户均可调用智能交通系统里的交通天气信息数据。因此，智能交通体系为适应不同用户需求的交通天气信息的发布提供了技术支持。如美国已建的交通天气信息系统（ATWIS），能提供道路状况和天气预报等交通天气信息，能专门提供详细而精确的路况报告，通过移动电话对旅客提供未来 6 小时天气预报，还能对旅客当前位置（参照州际公路旅行里程碑和方向标志牌）到旅行前方约 100 km 路段提供每小时更新的天气预报信息（美国商业部 2002）。

在天气预报信息方面，从天气要素（如降雨、降雪、结冰、高低温等）、临界值（不同天气要素对交通运输产生危害的临界状态）、影响（对各类交通工具、公路维护等，当某种特定的天气要素一旦达到临界值将产生的潜在安全后果等影响）和预报时效（指灾害天气事件发生前的预警，能给决策者适当时间做必要准备）等方面拟定了公路交通气象的需求一览表（表 5.1）。

从表 5.1 可见，“天气要素类”对公路积冰、降雪、积雪、大风、最高气温、最低气温、能见度等尤为关注。在“临界值”一栏中，均设定了天气要素在开始出现临界值的重要性，当开始出现某种天气要素临界值时对公路运输活动的影响。通过“预报时效”的分析，可见对 6～12 小时预报时效的需求最多，其次是 3 小时，有的只是实时观测及时发现。

表 5.1 公路交通气象需求表（摘录美国公路系统调查拟定的部分内容）

天气要素	临界值	活动	影响	措施	预报时效
冻雨	任意	公路维护	交通延误，能见度降低，交通堵塞，道路毁损，通信、能源中断	启动预案，通过新闻媒体向社会公众发布预警信息，调整交通计划，预报危险区域，选择处理方案	24～48 h（事件开始时间非常重要）
		车队及交通工具运输	驾驶人员安全，日程推迟	向驾驶员建议，重定运输时间、重选运输路线	12 h
公路结冰（英寸）	任意	公路维护	灵活性减弱，牵引力减小，公路损坏，安全风险，除雪/破冰处理操作	选择并实施除雪和（或）冰处理方案，清除残雪碎冰	实时观测
固态降水（雪）	≥8 inch[1)]（20.3 cm）	公路维护	能见度降低，牵引力减少，道路堵塞，灵活性降低，道路损害，通信、能源中断，斜坡不稳定（雪崩危险）	启动预案，准备设备，调整人员，调整计划，通过新闻媒体向社会公众发布预警信息，提高公众意识，对交通计划作出调整，预报危险区域，选择处理方案	24～48 h
		车队及交通工具运输	驾驶员安全危险，损坏风险，日程推迟	向驾驶员提出建议，重定运输时间、重选运输路线	12 h
公路积雪深厚观测	任意	公路维护	丧失牵引力，削弱机动性，影响除雪/除冰业务	选择应对措施	实时观测
液态降水	大雨	车队及交通工具运输	安全风险，业务延误	修改/限制业务，重新安排，改道	12 h
有闪电的雷暴（离路线或业务区域的距离）	≤5 mile[2)]（～8 km）	路面维护	生命财产损失，通信、电力中断，安全风险，维护业务延误，旅行延误	通知司机、旅游者 停止燃料补给，限制或中止户外业务	6～12 h 3～6 h
		车队及交通工具运输	安全风险，业务延误	修改、限制业务，重新安排改道	12 h
飓风带来的大风（风速，离路线或业务区域的距离）	≥74 mile/h（～120 km/h）≤50 mile（80.5 km）	卡车业务	驾驶员安全风险，货物损坏风险，日程推迟，危险货物碰撞、溢出的风险性增加	组织风险评估，适当推迟，重选运输时间或重选行车路线，如果在行进中，尤其是在运输危险品途中，应找一个安全停靠点	48～96 h

续表

天气要素	临界值	活动	影响	措施	预报时效
气温	≥110 ℉ (43.3℃)	公路维护	健康和安全风险，发动机、设备过热	通知业务员，修改、限制业务	12～24 h
		车队及交通工具运输	健康和安全风险，发动机、设备过热	通知业务员，修改、限制业务	12 h
气温变化	大约60 ℉/d (15.5℃/d)	公路维护	强烈的热胀冷缩使得路面损坏	预测受影响地区，选择应对策略，快速修复路面	12～24 h预报和实时观测
公路条件	雪，被雪覆盖	公路维护	乘客受伤，丧失牵引力，丧失稳定度、机动性，安全风险	预测受威胁地区，选择应对策略，准备、配置、打开应急设备，应用化学药品。铲雪，管理交通流量	实时观测
能见度包括限制条件，比如雾、霾、沙尘、烟	0.25～0.5 mile（400～800 m）	房车交通	看见和被看见的安全距离大大缩小了	停止旅行	3 h
		巴士业务	安全风险，业务延迟	建议业务员修改业务，减慢速度	6 h
风：逆风、侧风、顺风	＞30 mile/h，（48.3 km/h）＜50 mile/h (80.5 km/h)	巴士业务	增加安全风险，杂物扬起，交通堵塞，生活用电线路和电线杆倒塌，增加巴士和财产损失	改道行驶，如果发布了大风警戒，修改、限制或取消业务，通知乘客	6 h
		私人交通	乘客安全危险，旅行延误	建议乘客变更旅游	6 h
	≥50 mile/h (80.5 km/h)	车队及交通工具运输	安全风险	改期、改道	12 h
风寒	≤20 ℉ (−6.7℃)	车队及交通工具运输	安全风险（体温过低、冻伤）	建议业务员修改业务	6 h
热指数	≥105 ℉ (40.5℃)	车队及交通工具运输	人员中暑	建议业务员修改/限制业务	6 h
雪崩危险	高、中、低	公路维护	机动性受损，生命财产损失，交通堵塞	关闭道路，除雪	12～24 h预报和实时观测

1) 1 inch＝2.54 cm

2) 1 mile＝1609.3 m

就国内而言，交通气象灾害的预报预警与有关国家相比还存在一定差距，尤其在对交通有危害的灾害性天气预警预报信息的发布和供社会运输部门、公众的广泛应用方面更显不足。进入21世纪以来，我国的交通气象已经取得长足进展，但应该认识到有关交通气象灾害预报服务的专业性、时效性和信息应用性均应进行深入的研究和提高，因为它无论在预报内容的多样性、时效的正确性方面，还是从预报信息发布的快速传递方面，其要求均远高于公众预报。换言之，它实际上是一种新颖的、更现代化、更具有针对性的精细天气预报，能最大程度满足交通安全运营需要的专业化预报。因而制作交通气象灾害预报，从预报内容上要求定量（量级）、定点（地段）、定时（时段）；在预报信息服务上，应是实况监测、预报信息的不间断跟踪服务。所以，如何做好交通气象灾害的预报和服务，对气象业务部门而言是一个新的研究课题，也是一个新的开发领域，是对我们业务技术能力的新挑战。就目前我国气象业务的科技水平而言，还不能做到尽善尽美，它还是一门需要逐步摸索、完善、不断改进和提高的科技服务项目。

5.1 交通气象灾害的预报预警技术

5.1.1 交通气象灾害预报预警技术应考虑的因素

鉴于交通气象灾害的预报是一门旨在保障交通运营安全、提高交通运营效率的新科技服务项目，而且它所涉及的气象灾害种类多、突发性强、危害重，因而预报预警难度大，目前还缺少成熟的技术方法可以借鉴和应用，所以在确立交通气象灾害的预报预警方面，应着重考虑以下诸方面：

（1）从造成交通气象灾害的环境特征、天气系统等方面，结合历史灾害个例，从统计学方面寻找、归纳各类交通气象灾害性天气概念模型，研究总结发生各类危害交通安全的灾害性天气的入型判别条件。

（2）通过调查研究，确定影响交通运行安全的各类灾害性天气的风险等级、各类灾害性天气出现时的临界指数值（即预警指标）。

（3）应用多种探测手段获得实时信息、数值预报产品（从环流形势到有关气象要素值）、中尺度数值模式、专家经验等，结合各类灾害性天气出现的临界指数作综合分析、判断，做出预警预报。

（4）采用全天候值班制度，制作0.5～3小时的临近预报，且一旦发布预警与临近预报，则必须进行实况演变监测（沿线和定点）→路况信息反馈→跟踪订正预报→解除预警预报的全过程预报服务。

（5）设计和研发适用于各类交通气象灾害性天气的预警预报业务流程。

其中对各类灾害性天气的预报时效的设置既要满足交通管理部门的需求，也要根据目前气象部门的预报技术基础和条件来设计，切忌不切实际的要求。如目前美国国家环境预报中心对灾害性天气设置的预警时效：龙卷风平均12分钟；雷暴平均18分钟；飓风登陆的预警时间平均为20小时。

在预警预报制作的步骤方面，南京交通气象研究所在经历了六年多对沪宁高速公路预报服务的基础上，总结为三个步骤：第一步先发布预警预报——根据较大范围的环流特征与引发交通气象灾害的天气系统，结合可能诱发各类交通气象灾害的入型模式加以判断，可适当提高预报时效，旨在提醒交通管理部门注意，警示有危害交通安全运营的灾害性天气出现，提前做好采取应急措施的准备。当发布某类灾害性天气预警后，第二步即进入严密的实况监测、跟踪分析判断过程，一旦诊断该类灾害性天气将影响所属预报的责任区时，即发布时效在0～几小时的临近预报。然后进入第三步对该类灾害性天气的连续监测、滚动预报，直至发布警报的解除预报。

（6）要特别重视实况信息的反馈。实况信息的反馈对制作、发布对交通运营有危害的灾害性天气预警预报服务是十分必要的。所以必须做到预报责任区内灾害性天气出现的实况、交通事故、受灾损失等信息的及时反馈，这有利于气象业务部门进一步做好跟踪、滚动预报，提高预报服务效益。

(7) 交通气象灾害性天气预警预报流程的设计。根据目前气象业务部门已具有的监测手段、预报技术水平，设计出各类影响交通安全运营的预报业务流程是至关重要的，其流程的主要框架见图5.1。

5.1.2 国内已见应用的交通气象预报预警方面的成果

5.1.2.1 中央气象台有关全国交通气象预报的示例

中央气象台在“新闻联播”后的全国天气预报节目中，当有灾害性天气影响交通运行时，均有交通气象灾害的展望预报，如2007年10月13日在预报京珠高速北段河南北部到河北段有浓雾（图5.2)。

5.1.2.2 新疆铁路大风监测系统

新疆维吾尔自治区气象局与乌鲁木齐铁路局进一步加强了大风实时监测和预警预报信息的共享，建立了铁路沿线大风气象信息共享平台，并在新疆气象台会商室和气象科技服务中心专门建立新疆铁路沿线大风预警系统。

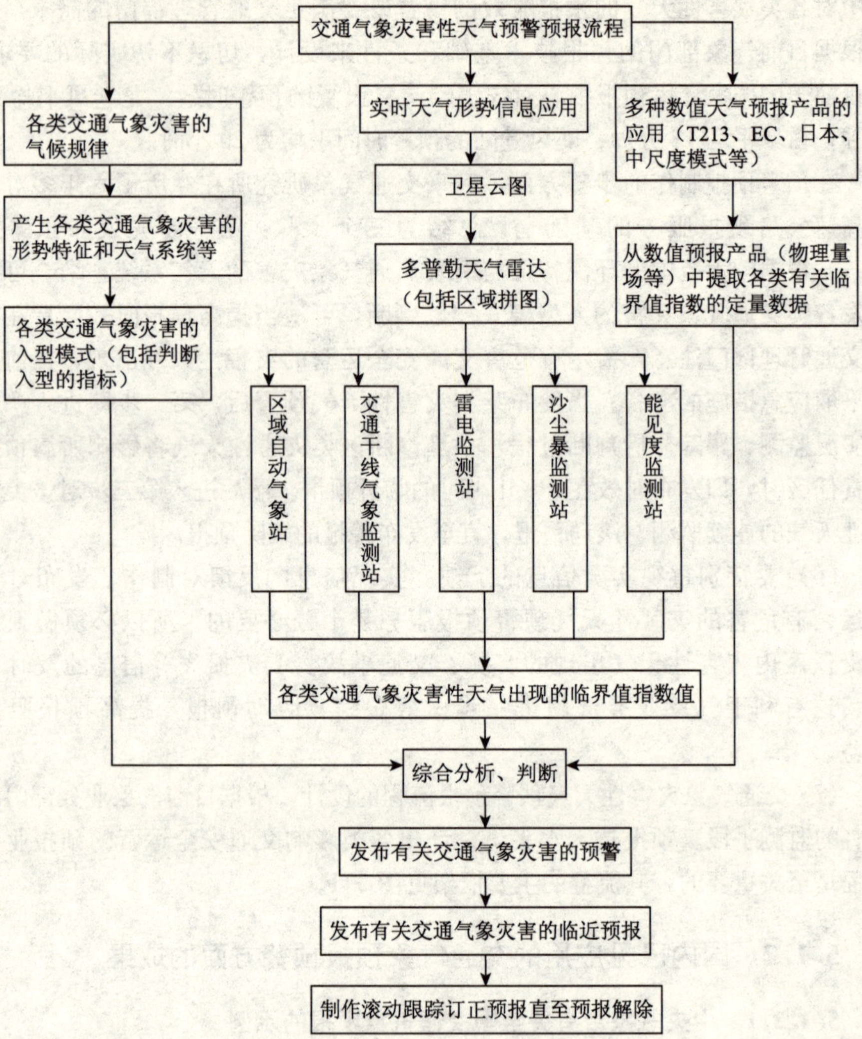

图 5.1　交通气象灾害预警预报流程

吐鲁番地区气象局张新庆等在 2004 年 10 月研制了“短时大风预报系统”并已投入业务应用。该系统对大风的量级、落区和时段作出 24 小时的预报。其设计思路为：以天气学、动力学为基础，利用预报员总结的经验性指标，分别按吐鲁番库和托克逊库建立三种预报大风的知识库、规则库、预报模型，当进入某种大风预报模型后，分夜间和白天按 12 小时为一个预报时段，系统根据综合判据若满足预报指标，自动输出大风的预报结果。

大风的分型根据不同天气形势产生的大风落区、物理机制等分为三类：动量下传型、气压梯度型、热力对流型。大风系统预报流程见图 5.3。

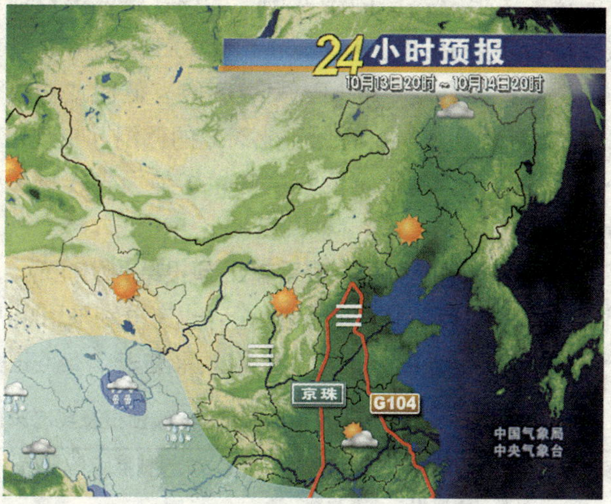

图 5.2　中央气象台 2007 年 10 月 13 日 07:30
交通气象灾害（浓雾）的预报示意图

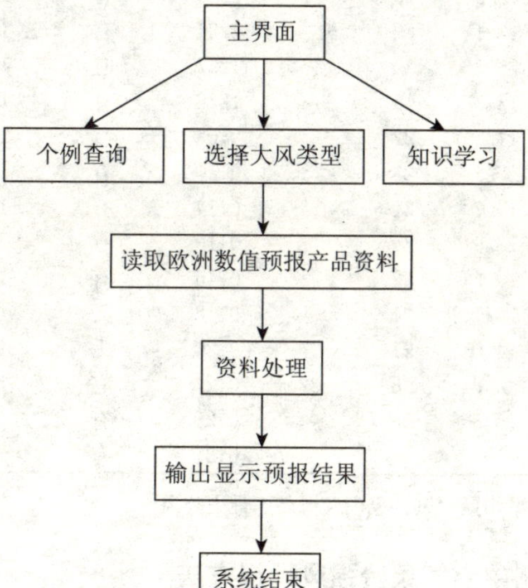

图 5.3　大风预报流程

5.1.2.3　威海市气象局大风预报系统

山东省威海市气象局研制了应用于渤海、黄海地区由冷空气活动形成偏北大风的预报系统。预报方法是根据天气学原理和预报经验，总结归纳造成偏北大风的三种天气形势：低涡型、横槽型和深槽型。然后根据三种不同的天气类型，选取高空和地面的预报指标加以判断。

预报指标的选取主要有高空的高度场、风场、温度场及地面气压场。例如低涡型的预报指标主要有：①高空 500 hPa 关键区内有北到东的风向，有低于－24℃的低温等；②高空 850 hPa 关键区内有低涡或横槽，低涡或横槽是否在 40°N 以南，有北到东风，有低于－20℃的低温，在规定的区域内高度场的梯度和平流强度是否达到一定的程度等；③地面气压场关键区内有达到一定强度的冷高压中心。

系统对每个条件逐个进行判断，最后输出预报结论。同样，横槽型的预报指标共有 11 个，深槽型的预报指标共有 10 个，也有分别采用顺序判断的流程。

该系统于 1992 年秋投入业务运行，使用效果见表 5.2（王京太。1994）。

表 5.2　1992 年 10 月—1993 年 1 月偏北大风≥6 级预报及实况风速（m/s）

日期	大风预报	实况			日期	大风预报	实况		
		威海	成山	海岛			威海	成山	海岛
1003	有	13.9	21	25	1213	有	16.1	25	25
1004	有	16.1	24	23	1214	有	13.3	20	
1024	有	14.8	22	20	1221	有	20.1	25	23
1025	有	12.8	23	17	1223	有	15.5	20	20
1029	有	17.1			1224	有	12.2		19
1031	有	15.7			1227	有	14.3		21
1101	有	13.0	19	18	1228	有	13.6	18	22
1108	有	14.5	22		0103	有	12.0	19	
1109	有	17.8	23		0110	有	11.6	18	21
1115	有	14.7	21	18	0114	有	12.8	19	23
1119	有	18.9	24		0115	有	14.5	23	18
1120	有	19.2	32	22	0116	有	13.4	23	19
1125	有	14.1	21		0118	无	11.1	21	
1126	有	14.0	21		0120	无	11.8	19	
1201	无	9.3	18	22	0127	有	13.5	24	
1210	有	15.8	25		0128	有	13.0	23	
					0131	有	14.5		

注：威海为 10 分钟平均最大风，成山及海岛为最大阵风

5.1.2.4　广州中心气象台强风预报方法

广州中心气象台采用数值天气预报输出的有关产品适用于广东海面的强风（≥6 级）预报，其主要预报思路和方法是：

（1）利用历史天气图中的气压场资料进行客观分析，根据不同的地面气压分布进行客观定量分型，并以经验加统计的方法提取在不同的地面气压分布型下的预报判别因子，采用因子排序、断绝拟合的方式确定各种预报判别因子的取值范围；预报制作时用数值预报模式输出的各预报时效对应地面气压和风的格点值，进行相应的客观定量分型，然后根据分型进行相应的因子

判断，最后产生与数值预报模式输出相对应的各预报时效的海面强风预报。

（2）每年9月至次年6月影响广东海面的强风形成的主要因素应考虑北方冷空气入侵的路径。按传统方式划分为：西路、中路和东路三类，这三类不同路径的冷空气均有可能产生影响广东海面强风，而且不同的路径造成广东海面强风特点也明显不同。一般西路冷空气会造成粤西海面首先出现强风，随着冷空气的东移，粤东海面强风最后出现，但这一路径的冷空气不会首先产生广东海面的偏东强风。中路冷空气大多会造成广东海面全线同时出现强风，有时中路冷空气也会产生粤中海面的偏东强风。东路冷空气主要造成粤东和粤中海面的强风，少数情况也会产生粤西海面的强风，但粤中海面和粤西海面的偏东强风大多由东路冷空气或冷空气主体东移后产生。众所周知，海面强风能否产生与冷空气的强度有密切的关系，需要说明的是：这时表征冷空气强度的不是温度而是气压梯度，即冷空气前后的气压差，所以采取关键区指标站之间达到气压差（ΔP）值的临界值（阈值）来预报6级、7级或8级以上的大风。

（3）影响海面强风还应考虑地形的作用。如南岭山脉对弱冷空气有阻挡作用，可使南侵的冷锋弯曲，诱发小股冷空气以偏东路南下，使粤东海面出现强风；台湾海峡显著的狭管效应，会使粤东海面风力明显增强。

该强风预报的效果，在24小时段和48小时段的平均预报准确率分别为80.7%和79.7%，预报时效在60小时内的平均预报准确率达80.1%，达到日常的预报业务预报质量要求；预报时效在120小时内的平均预报准确率达78.3%，这说明该方法在较长的预报时效内仍能保持较高的预报准确率，这是单从经验预报不容易达到的。

5.1.2.5　上海中心气象台海上大风预报方法

上海中心气象台常用的海上大风预报资料有：常规实况资料分析、上海台风研究所世博模式风场预报、台风研究所海浪模式风浪预报、日本传真天气图预报分析等方法。

（1）常规实况资料分析。在海上大风的日常业务预报制作中，通过对以往时次（6小时间隔）地面气压场和中低空天气系统的配置情况，结合与地面天气系统相配合的已经出现的大风实况站点风速的大小（量级），用经验外推法评估造成大风天气系统的移行方向和速度，以及前几个时次出现大风的站点的等时风速线，可以较准确地预报未来6～12小时预报责任区的大风预警预报。

（2）上海台风研究所世博模式风场预报。世博模式系统提供975～500 hPa共七层风场预报，由ADAS（ARPS Data Analysis System）模块同化常规观测资料（GTS）和非常规观测资料（RADAR/回波、径向风，FY-2C/

红外通道、可见光通道亮温）所得，预报时效为 4 天，每 3 小时输出一次结果，为责任海区的 72 小时风浪预报提供参考依据，如图 5.4。

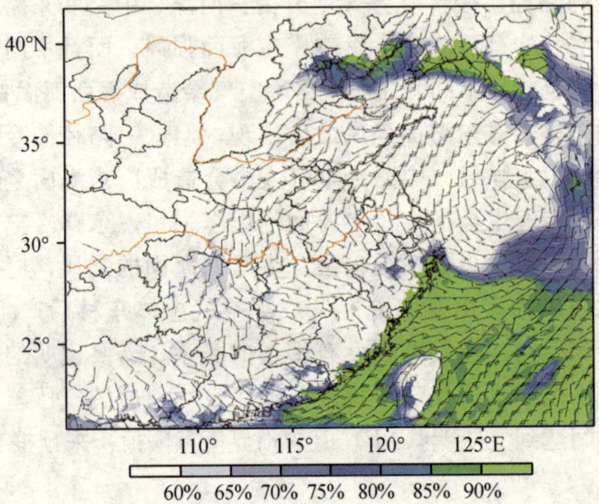

图 5.4　世博模式系统提供的某一时次风场和相对湿度预报

（3）上海台风研究所第三代海浪模式风浪预报。该风浪模式提供了责任海区和南海海区多时次的风场和涌浪预报，其最长预报时效为 168 小时，是日常海区风浪预报的重要参考资料之一（图 5.5）。

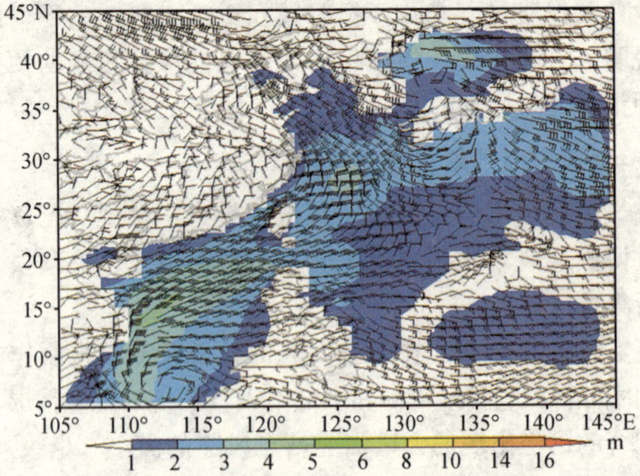

图 5.5　12 小时预报时效的风场和涌浪预报

（4）日本传真天气图预报分析。日本传真天气图的地面形势和风力预报，也可作为日常海区风浪预报有用的参考资料，图 5.6 是以 2007 年 12 月 28 日 08:00 为起报的 24 小时后的地面气压场和风速预报。

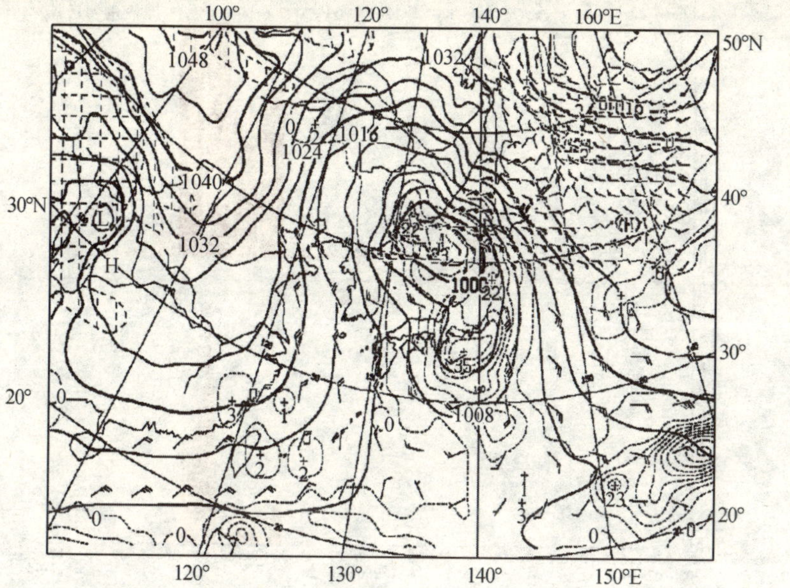

图 5.6　2007 年 12 月 28 日 08:00 起报的 24 小时地面气压场（hPa）和风速预报

5.1.3　影响交通的降水预报预警技术

经调查分析，降水危及公路交通的安全运营主要反映在三个方面：一是一般降水天气，尤其是由晴转雨，降水润湿了路面，减少了路面与轮胎之间的摩擦系数，由此诱发交通事故；二是由于暴雨或特大暴雨使公路边沟渠积水浸泡路基，造成滑坡、塌陷、路面泛浆以及诱发地质灾害（如泥石流等），毁坏公路、铁路等；三是短时强降水，造成公路沿线能见度急速下降和车前挡风玻璃窗模糊，严重影响驾驶员的视线，造成交通事故。前两者早已纳入气象业务部门预报业务范畴，其预警预报技术已广为人们了解。而后者——短时强降水的分析、预报，包括对强降水的定义，尤其短时强降水造成的低能见度对公路交通安全运营的危害，是交通气象领域当今面临的亟待探索研究的课题。本节以暴雨和短时强降水的预报预警为例介绍南京交通气象研究所近年来在这方面取得的一些进展与成果。

5.1.3.1　暴雨和短时强降水

我国气象部门规定：24 小时降水量达 50.1～100 mm 定为暴雨。但从实时监测雨量分析，24 小时累计降水量达到暴雨量级有两种情况，一是并非 24 小时都有大的降水，通常情况下是 24 小时内某一短时段内下了倾盆大雨，形成日降水量达暴雨程度。如 2006 年 7 月 19 日 12:00 到 20 日 12:00 无锡新兴塘总降水量为 98.7mm，但真正造成这场暴雨的强降水时段从图 5.7 中可见只有 2 小时，即 7 月 20 日 05:00—07:00，分别在 1 小时内下了 43.8 mm 和 32.4 mm。

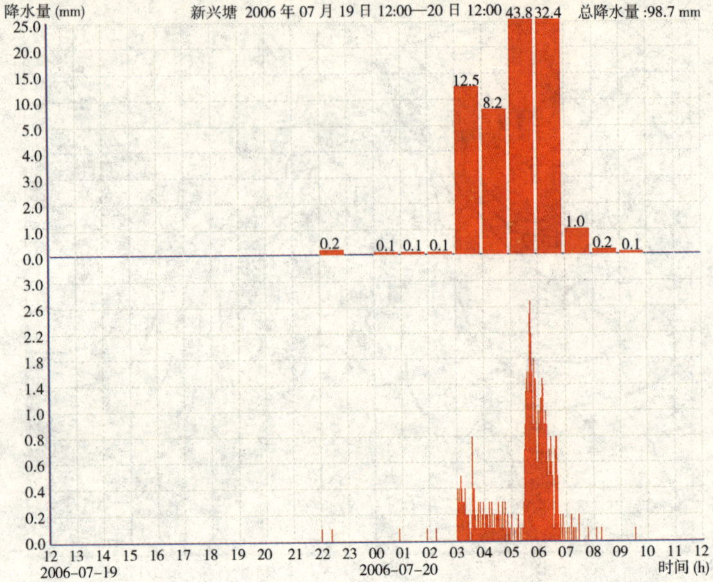

图5.7　2006年7月19日12:00—20日12:00无锡新兴塘降水实况

另一种情况是持续几个小时都有较大降水。如苏州陆家2006年5月18日05:00—19日05:00总降水量达56.4 mm，达暴雨量级。但从图5.8可见，从5月18日11:00到19日01:00每小时都有2 mm以上的降水，其中连续5个小时每小时降水量都在4～6 mm左右，5小时总降水量达25 mm。

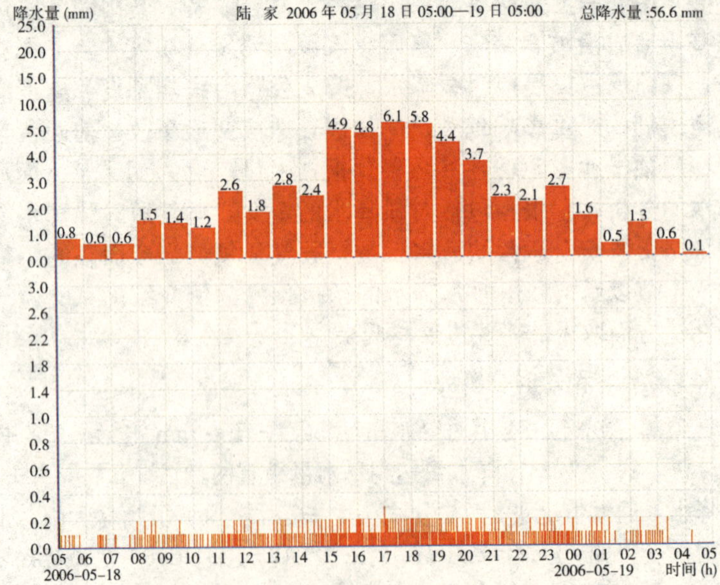

图5.8　2006年5月18日05:00—19日05:00苏州陆家降水实况

从以上分析可以认识到，如单从过去气象部门规定的暴雨定义看，这两次均为暴雨天气过程。但如从降水的强度来分析，以上二例则大相径庭。前者显然是一次短时强降水过程，而后者不是。经过众多的暴雨（包括逐时降水强度）个例分析，危害行车安全的是短时强降水天气，尽管它只有1小时甚至几十分钟，但交通事故就出现在这一时段内。

5.1.3.2 短时强降水与低能见度

经设置在沪宁高速公路沿线的自动站记录监测分析，短时强降水的雨强是造成低能见度陡降的主因。

表5.3 短时强降水雨强与能见度值

1小时雨强/mm	1分钟雨强/mm	能见度平均值/m	最小值/m
≥10	0.8～1.2	300～400	250
≥15	1.3～2.0	200左右	100～150
≥30	>2.0	100～150以下	50～100

从表5.3可见，当1小时降水量大于10 mm，其中1分钟的降雨量达0.8～1.2 mm时，公路沿线能见度值就能迅速降至500 m以下；当1小时雨量达15 mm以上，其中1分钟雨强达1.3～2.0 mm时，能见度即可下降至200 m以下。一旦当1分钟雨强大于2.0 mm时，能见度将降至100～150 m左右或低于100 m，经对1小时雨强和1分钟雨强与能见度值的降幅演变分析可得：

（1）1分钟降水量的强度是关键。有监测资料表明，如1小时降水量在10 mm左右，但如其中有1分钟的雨强达1.8 mm或其以上时，仍可造成能见度值在短时间急速降至200 m以下。

（2）短时强降水造成的低能见度在维持时间上是短暂的，通常几分钟到半小时，时段长的可以维持1小时，如无锡北监测点监测到的2006年7月4日19:30—20:30的能见度值图（图5.9、图5.10）。最长的可持续3小时左右，如2006年6月22日19:00—23:00监测到的芳茂山附近的能见度值。短时强降水造成的能见度值波动性很大，它随着1分钟雨强的大小而波动，因而会出现显著的能见度时好时坏的间断性。

5.1.3.3 短时强降水预警预报流程

根据目前气象业务部门的科技基础和预报技术水平，对强降水的预警、预报以实时信息的监测、预报技术人员的跟踪分析、专家经验判断为主。如江苏省交通气象科研所设计的对沪宁高速公路有影响的强降水的预报流程如下。

（1）强降水预警预报的发布

当周边（天气图上114°E以东，28°—35°N范围内）出现6小时≥25 mm

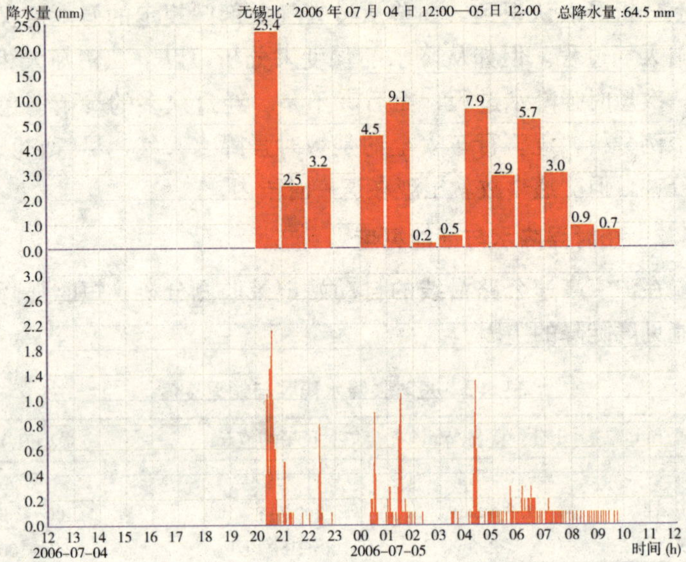

图 5.9　2006 年 7 月 4—5 日（无锡北监测站）强降水过程雨强记录

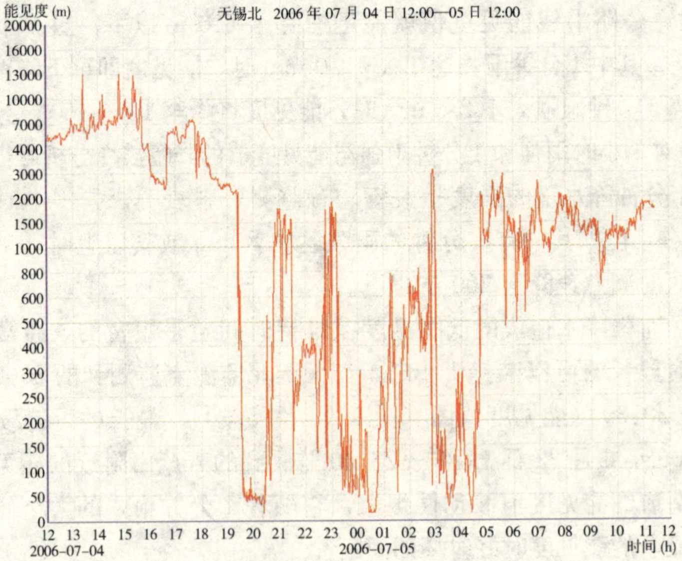

图 5.10　2006 年 7 月 4—5 日（无锡北监测站）强降水过程造成的低能见度演变特征

降水实况或“WS”报[1)]有 25 mm 的降水实况时，且考虑到强降水区会影响到

1)　“WS”报是江苏省气象局自行制定的“重要天气情况报告”。规定重要天气如瞬时大风（≥14 m/s）、降水（一天中第一次开始下雨）、降雪（一天中第一次开始降雪）、累计降水量≥25 mm、50 mm、100 mm、200 mm 等出现后，台站必须在 10 分钟内向省台上报的天气现象重要报告。

江苏省沿江和苏南地区时，可考虑发布强降水预警预报。

当发布强降水预警预报后，应：① 通知“雷达开放实验室”多普勒雷达进入连续监测、跟踪，并获取 20 分钟一次的滚动短时预报降水量分析结论（以影响沿江、苏南地区为主）；② 主班应跟踪监测有关信息（云图、周边雷达监测的信息、自动站降水实况等）综合分析、判断并及时做出进一步发布临近预报或取消预警预报的结论。

（2）强降水临近预报的发布

当沪宁沿线或沪宁沿线附近（苏南地区）的自动站出现 1 小时≥10 mm、10 分钟≥4～6 mm、1 分钟≥0.8～1.0 mm 的降水量时，可考虑发布强降水的临近预报。临近预报时效在半小时左右；预报地段可分段或分区。

以上临近预报发布强降水的临界指数值，经统计其影响能见度值，可降至 500～200 m〔经初步统计：能见度降至 200 m 以下的强降水量临界值为：1 小时≥15 mm 以上；10 分钟≥8～12 mm；1 分钟≥1.4 mm，仅供参考〕。

（3）强降水预警预报发布个例介绍：

2007 年 7 月 7 日 16:35:09 发布了强降水临近预报，预报 16:40 到夜里沪宁江苏全段有强降水，在强降水时能见度均降至 500 m 以下，短时能见度陡降至 200 m 或以下（表 5.4、表 5.5、图 5.11）。

表 5.4 强降水临近预报

发布时间		2007 年 07 月 07 日 16:35:09
天气实况及灾害实况：受梅雨锋区南压影响，有强降水，能见度降低，导致路面湿滑。请注意行车安全。		
临近预报	路段	沪宁全线
	时间	16:40—夜里
	气象灾害	强降水
	发展趋势	

表 5.5 2007 年 7 月 7 日发布临近预报后沪宁全线强降水实况

地名	南京	句容	镇江	江宁	南京	江宁	常州	丹阳	张家港
时间	17:16	17:26	17:28	17:32	17:36	17:44	17:59	18:17	18:34
降水量/mm	25	25	25	26	50	50	25	51	25
地名	江阴	江宁	金坛	无锡	昆山	南京	镇江	常州	
时间	18:36	18:46	19:16	19:15	19:56	19:58	20:55	22:24	
降水量/mm	26	100	30	50	25	100	50	50	

从图 5.11 可以看到，南京马群监测站从 7 月 7 日 16:00 到 21:00 监测到的 1 小时降水强度、1 分钟雨强和相应时段的能见度值。

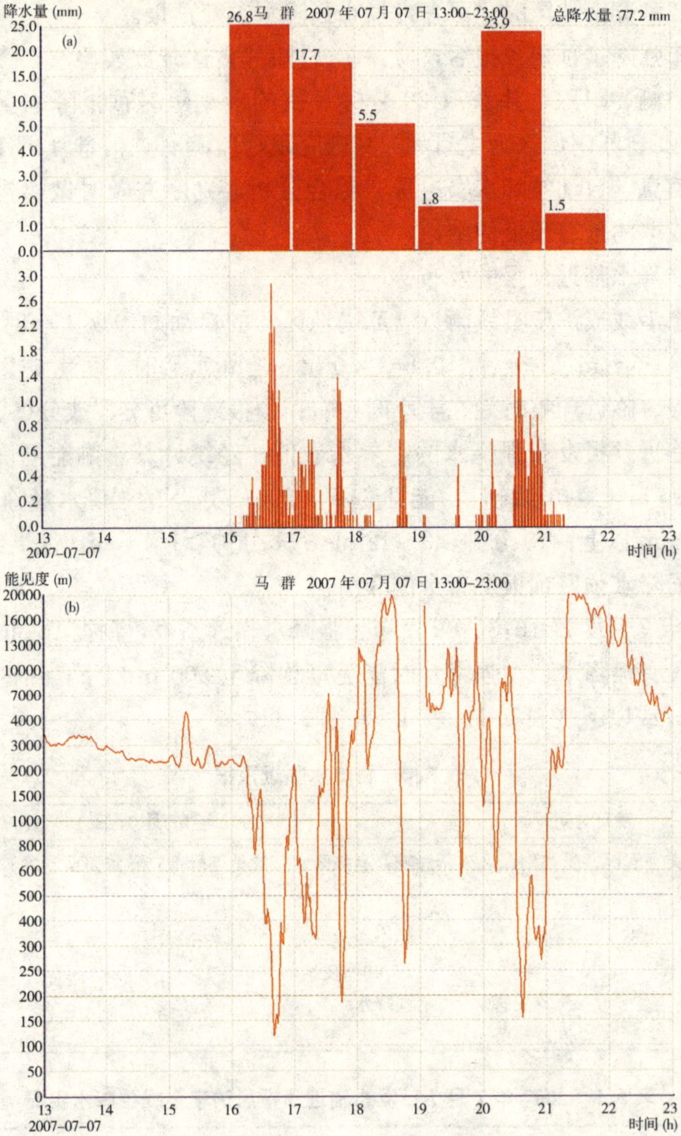

图 5.11 2007 年 7 月 7 日 16:00—21:00 马群降水量（a）和能见度值（b）

5.1.4 影响交通的浓雾预报预警技术

由于气象业务部门以往不做水平能见度的预报，就雾的预报而言，也仅仅是预报有无能见度<1000 m 以下的雾，在预报时效上无严格的要求。至于浓雾造成的<1000 m 以下能见度的分级预报（如<500 m 或<200 m）在气象部门常规天气预报业务中没有列入要求。

中国气象局发布的《气象灾害预警信号发布与传播办法》中关于大雾的

预警信号规定：

大雾预警信号分为三级。

一级：大雾黄色预警信号。含义：12 小时内可能出现能见度小于 500 m 的浓雾，或者已经出现能见度小于 500 m、大于等于 200 m 的浓雾且可能持续。

二级：大雾橙色预警信号。含义：6 小时内可能出现能见度小于 200 m 的浓雾，或者已经出现能见度小于 200 m、大于等于 50 m 的浓雾且可能持续。

三级：大雾红色预警信号。含义：2 小时内可能出现能见度小于 50 m 的强浓雾，或者已经出现能见度小于 50 m 的强浓雾且可能持续。

从以上中国气象局关于大雾预警发布的含义，虽然时效上分别提出 12 小时、6 小时、2 小时可能出现浓雾的要求，但是又允许："……或者已经出现……"。就这一点而言，是允许当浓雾实况已出现后再发布预警。这很可能还是考虑到预报浓雾（<500 m）按目前的科技水平而言还难以做到的原因。

南京交通气象研究所是国内最早开展公路低能见度监测、预报的业务单位之一。他们通过对沪宁高速公路提供的 1999—2002 年由于浓雾造成的低能见度而采取封路措施的 76 个浓雾个例档案资料分析，影响高速公路正常运营而是否采取分流、封路等措施的能见度界限是<200 m，造成汽车追尾等恶性交通事故的能见度均<100 m。并且根据交通监管部门提出的需求，在浓雾低能见度的预报时效上有 30 分钟即可采取封路等管理措施。在预报内容上要做到：定时（出现浓雾<200 m 时段）、定点（沪宁线的分段）、定量（<500 m、<200 m、<100 m）的预报。总的要求是时效上不求过长，但预报内容上要细。在此指导思想下，南京交通气象研究所在实施开展高速公路低能见度的预警预报业务方面，经过六年多的应用、研究，提出了如下低能见度的预报思路、步骤和流程以及一些基本的预报技术。

5.1.4.1 低能见度预报思路

采取浓雾形成的环境特征分型（入型条件）→每小时卫星云图跟踪分析（大范围雾区的识别、云区的覆盖、雨区的移动、晴空区控制范围等）→数值预报产品应用（逐时温度、露点、湿度值、近地层风场、温度露点差……）→公路沿线自动监测仪的实况和能见度演变规律的分析（结合周边自动站资料分析）→最终作出能见度<500 m、<200 m（出现时段、路段）→雾消（>200 m的时段、路段）的预警预报和临近预报。

预测思路可以概括为：从大的天气背景入型着手，从远到近地采取跟踪判断（应用归纳、总结的形成低能见度气象要素临界指数值的指标判断）预报法，摒弃了以往用于预报有无区域性浓雾的统计预报方法。这也为今后中尺度区域数值预报产品要素的应用打下基础，也将随着中尺度区域预报模式的改进、产品质量的提高而提高。

5.1.4.2 发布低能见度预警预报步骤

低能见度的预报具有高度的专业化、精细化的要求，在发布低能见度预报时既要考虑用户的需求，也应实事求是地考虑目前气象业务部门现有的科技基础和预报水平，为此采取了先发预警、后发临近预报的步骤。

在发布预警预报方面，时效上可以长一点，预报内容上可以粗一点，主要是给交通监管部门一个未来几小时后能否出现低能见度的警示性预报，也即起到一个预先提醒、警告的作用。在预报员考虑发预警预报时，主要考虑几小时后有较大可能出现影响公路运营的低能见度。但也存在不出现的可能，所以发布预警预报后，预报员即进入实况监测状态，要根据实时信息的监测、分析、判断，可以继而发布低能见度的临近预报，也可发布取消预警预报或不再进一步发布临近预报。

5.1.4.3 浓雾预警预报发布的判据和内容

(1) 浓雾预警预报发布的判据

发布预警预报，主要根据历史封路浓雾出现个例的环流特征归纳。浓雾一低能见度入型模式有：500 hPa 环流特征：2 型（Ⅰ：沿海槽后西北气流，弱冷平流；Ⅱ：槽前西南气流暖平流或暖脊）；850 hPa 环流特征：2 型（Ⅰ：入海高压后部、河套以东为暖脊；Ⅱ：大陆高压，或弱高压脊）；地面形势场：4 型（Ⅰ：入海高压后部；Ⅱ：南伸冷高压缓慢南压，华东均压场；Ⅲ：变性冷高压，"L" 形高压前部均压场；Ⅳ：锋前暖区均压场）。在考虑是否入型时要综合考虑 500 hPa、850 hPa、地面形势三层入型条件。典型入型模式：

①500 hPa 环流特征Ⅱ型，槽西南暖平流或暖脊型（图 5.12）。

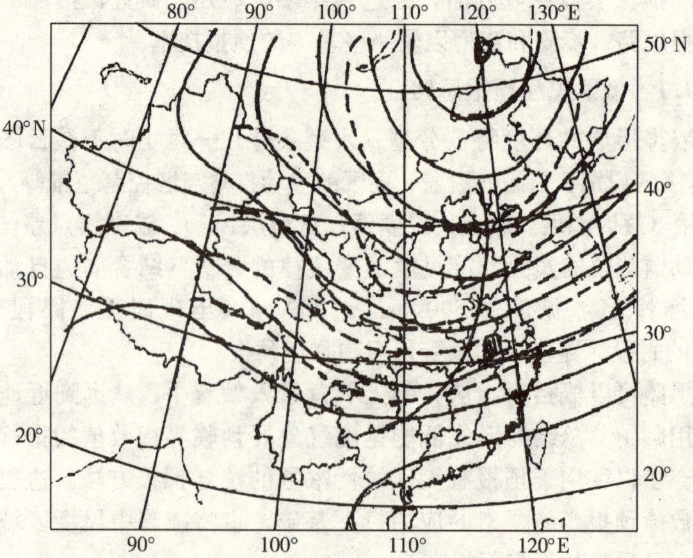

图 5.12　500 hPa 环流特征Ⅱ型

②850 hPa 环流特征Ⅱ₂型，大陆高压，弱高压脊型（图 5.13）。

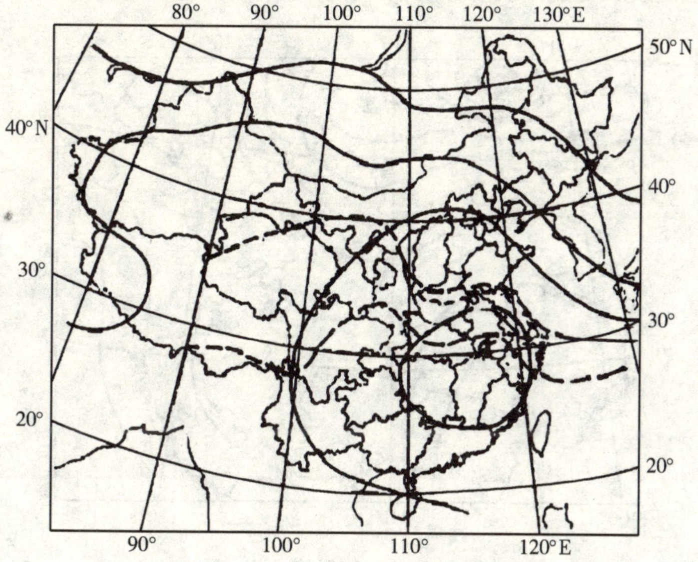

图 5.13 850 hPa Ⅱ₂型

③地面形势场Ⅳ₁型，锋前暖平流均压场（图 5.14）。

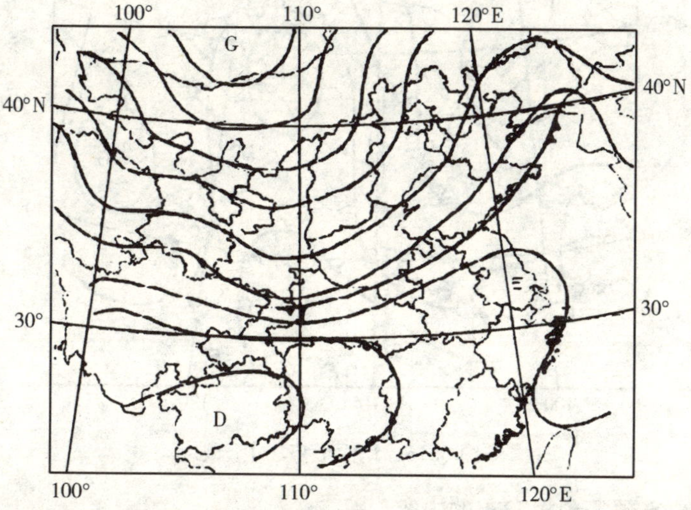

图 5.14 地面形势场Ⅳ₁型

④地面形势场Ⅱ₂型，南伸高压缓慢南压东移，华东均压区（图 5.15）。
⑤地面形势场Ⅰ₁型，入海高压后部（图 5.16）。
结合考虑当晚（19—20 时）的探空一大气层结稳定条件和近地层相对湿度、

天气状况、每小时自动站的有关要素演变特征等，当判断符合入型模式和符合当天下半夜到凌晨可能出现浓雾的临界指数值判断值时，则可发布预警预报。

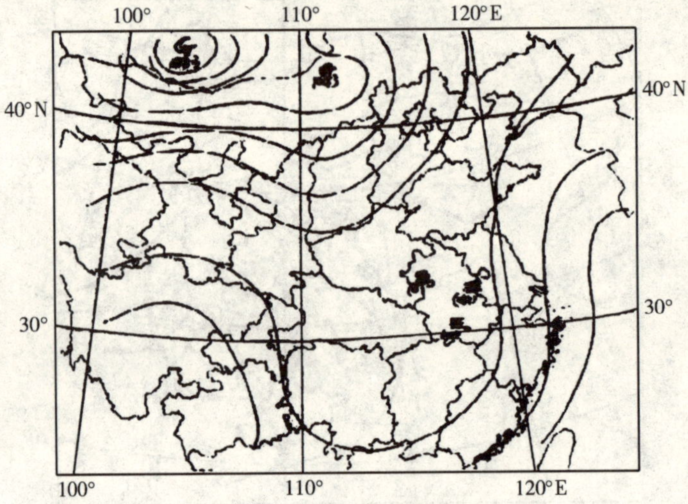

图 5.15　地面形势场Ⅱ₂ 型

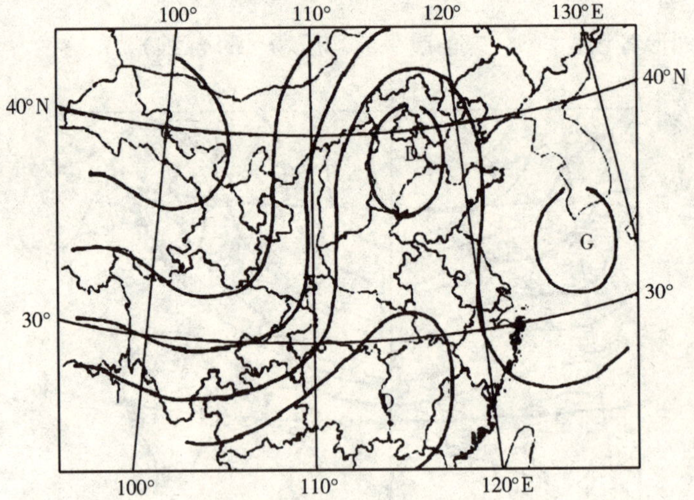

图 5.16　地面形势场Ⅰ₁ 型

(2) 浓雾预警预报发布的内容：

①预警预报，一般应在 22:00—24:00 发出，发布内容应预报能见度＜500 m的大致时段和出现地段。

②一旦发布预警预报，预报员即进入连续跟踪监测和分析预报状态，并保持与公路交管部门的密切联系。

5.1.4.4 浓雾临近预报发布的判据和内容

(1) 浓雾临近预报发布的判据

临近预报主要采用连续跟踪形成浓雾的关键要素的实况演变规律和有关要素的临界指数值判断。

① 有利的晴空辐射条件，如 20:00 南京、上海探空 500 hPa、700 hPa、$T-T_d \geq 20$℃。自动站地面辐射降温率 02:00—04:00 达 1.0～1.8 ℃/h，20:00—04:00 总降温≥5℃，还应关注 $d(T-T_d)/dt$ 的增大和 02:00 相对湿度≥95%。浓雾形成前最大相对湿度见表 5.6。

表 5.6 浓雾形成前最大相对湿度

相对湿度/%	88～89	90～92	93～94	95～96	97～98
频数	2	0	8	20	7
频率	5.4	0	21.6	54.1	18.9

② 存在贴地和低空逆温，逆温层顶—逆温层底 $\Delta T \geq 2$℃，逆温层平均强度 $-\Delta T/\Delta h = -0.8 \sim -2.3$ ℃/100 gpm。

③ 风的脉动作用。经对众多浓雾形成个例分析，风的脉动有利于雾滴的增长而使能见度降低。统计归纳 2 分钟平均风速在 0.4～1.8 m/s 最有利于低能见度浓雾的形成。尤其当“团雾”影响时，平均风速往往在 0.8～2.0 m/s。

④ 能见度演变规律

浓雾平流特征：在一定的天气背景下，沪宁高速公路低能见度的形成，存在东西地域的平流性。从反映在 AMW 监测仪的能见度连续变化，可以分析出浓雾自西向东逐时逐地的形成过程（表 5.7）。仅从以上无锡段成雾时间上分析，锡北（最西端）到锡东（最东段）相差 11 km，而自西向东发生浓雾的时间前后相差近 2 小时。

表 5.7 2002 年 2 月 24 日无锡段成雾过程 AMW 监测实况

站名	能见度最早稳定<200 m时间	能见度<50～100 m时段	能见度<50～100 m时段 风向 风速	能见度稳定>200 m时间
锡北	24 日 04:10	24 日 04:10—09:25	0.3～0.7 m/s 240°～330°	09:25
锡澄	24 日 04:25	24 日 04:40—09:00	0.3～1.7 m/s 270°～350°	09:15
锡东	24 日 06:05	24 日 06:05—08:50	0.9～1.4 m/s 340°～19°	08:55

浓雾波动性（先期象鼻形）特征：分析表明能见度下降到<100 m 过程中有时有很强的波动性，这个过程一般持续 45 分钟到 1 小时，最长可达 2 小时 45 分钟。2002 年 3 月 12 日锡东从 04:10 到 06:55 能见度一直在 1000～200 m 之间波动，直到 07:10 分才稳定降至 100 m 以下（图 5.17）。

分析 5 年多来积累的监测资料和能见度图谱，发现能见度稳定<100 m

（封路能见度）的浓雾出现之前，往往普遍出现一个“象鼻形”的先期振荡前兆，它出现时间短，能见度值不是很低也不稳定，一般在 100（200）～800 m 之间波动，但这是突发浓雾的前奏，具有一定的预报信息，可总结为“象鼻形”先期振荡的概念模型（图 5.18）。

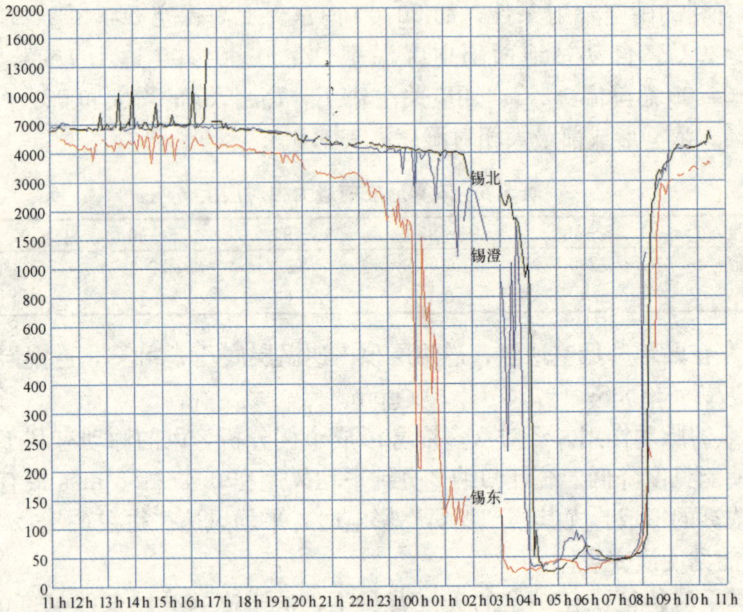

图 5.17　2002 年 3 月 12 日无锡能见度波动图

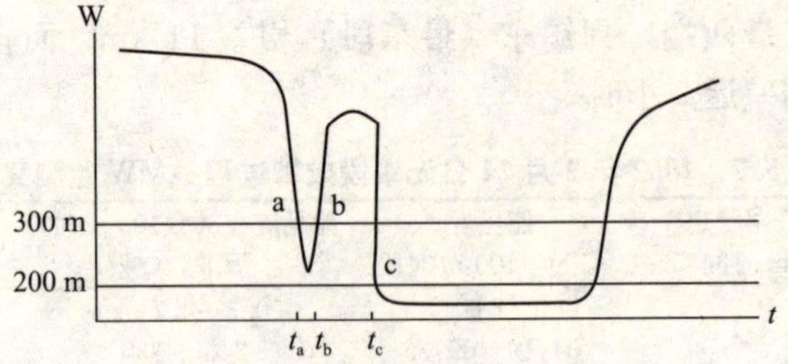

图 5.18　“象鼻形”先期振荡的概念模型

浓雾突发性特征：在浓雾－低能见度的监测预报实践中，发现浓雾的生消变化不是一个渐变的过程，测站能见度从 1000～2000 m 降至 100 m 以下历时平均为 20～30 分钟，有时甚至几分钟内能见度出现急降，无论是平流雾、辐射雾或团雾，发生过程均有此共性。

从表 5.8 可见：能见度由＞1000 m 下降到＜200 m 平均耗时 25～30 分钟，最短只有 5～10 分钟，如 2002 年 4 月 2 日锡北的能见度由 1065 m 降至 85 m 只有 10 分钟（图 5.19）。

表 5.8 雾、浓雾形成过程能见度由 1000 m 下降至 200 m 以下时间

雾、浓雾过程	能见度由 1000 m 下降至<200 m 时段		
日 期	锡北	锡澄	锡东
2月24日	02:35 — 04:10（95分钟）	03:50— 04:35（45分钟）	06:00— 06:05（5分钟）
3月12日	05:50 — 06:20（30分钟）	06:05— 06:20（15分钟）	04:10— 06:55（165分钟）
4月2日	23:40—23:50（10分钟）	22:05—23:25（80分钟）	20:55—21:55（60分钟）
4月7日	04:00 — 04:10（10分钟）	03:00— 03:45（45分钟）	23:55 — 00:50（55分钟）
4月23日	01:30 — 01:55（25分钟）	00:45— 01:25（40分钟）	22:30 —23:05（35分钟）

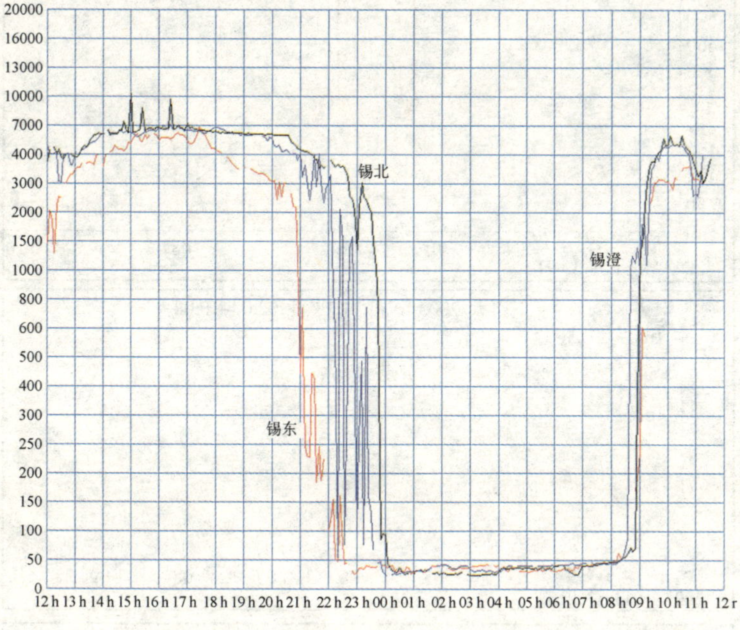

图 5.19 2002 年 4 月 2—3 日能见度演变时间剖面图（5 分钟间隔）

分析浓雾具有突发性这一事实，有利于增进预报员对低能见度形成的感性认识和掌握突发性浓雾形成时的物理成因。浓雾突发性的物理成因可进一步从监测到的风、气温等要素的持续演变特征中得到启示。

由图 5.20 可见：在浓雾低能见度形成前瞬间风速具有显著的变化，可称为风的脉动作用，因为在不均匀的风力作用下加剧了雾滴的碰并，使部分雾滴增大，雾滴的曲率半径越大其表面的饱和水汽压越小，促进小雾滴蒸发及空气中的水汽向大雾滴凝结。在达到饱和态时，雾滴表面的蒸发微弱，故在风力作用下大雾滴迅速形成，能见度急剧下降。经研究分析可以认为，风的脉动引起扰动的不均匀，进而使近地层空气的降温不均匀。从图中还可分析出，在晴朗的夜间每一次风速较明显的峰值后都对应着一次较明显的降温，当一次明显的降温使温度趋近于露点时，空气达到饱和，浓雾突然形成。这可视为风在突发性浓雾形成时的热力贡献。表 5.9 给出了浓雾出现前最大风速值的频数。

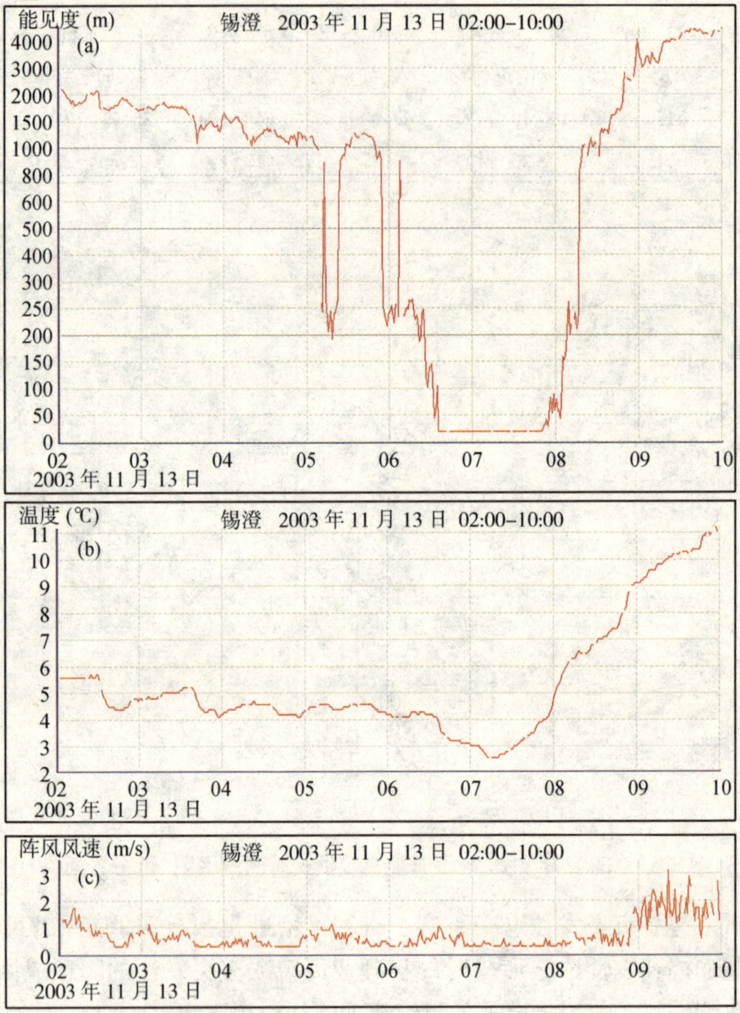

图 5.20　2003 年 11 月 13 日锡澄站能见度（a）、温度（b）、风速（c）变化曲线

表 5.9　浓雾出现前 8 次记录中的最大风速

风速/（m/s）	<0.4	0.4～0.8	0.9～1.3	1.4～1.8	1.9～3.8
频数	1	21	9	4	2
频率（%）	2.7	56.8	24.3	10.8	5.4

从上表统计，37 个浓雾生成前的最多风速值在 0.4～1.8 m/s 的几率为 91.9%，最大的一次风速为 3.8 m/s。若风速再大，引发低层湍流扰动层过

厚，上层热量下传，反而妨碍近地层冷却，不易使 T 趋近于 T_d，且会破坏逆温层，不利于近地层水汽、凝结核的积聚和低层温度的持续下降。

（2）浓雾临近预报发布的内容

①当根据监测实况演变判断未来能见度降到 200 m 以下时，应提前半小时向交通管理指挥中心发布低能见度临近预报（设有专用的电子文档格式）。

②临近预报须预报浓雾出现时段、地段（可全段或以站名为准来分段）、量级（<200 m、<100 m）。

③如在发布预报时段内不可能出现<200 m 的浓雾时，应及时发布订正预报。如已出现<200 m 浓雾时，应连续监测判断<100 m 或<50 m 跟踪预报。

④在已出现<200 m 浓雾情况下，要提前半小时到一小时发布能见度>200 m的浓雾减弱预报。

5.1.4.5 浓雾低能见度的分级预报流程（图 5.21）

5.1.4.6 浓雾低能见度预报发布实例介绍

（1）一次成功的低能见度预警预报

2004 年 1 月 1 日下半夜起，沪宁高速公路大范围浓雾，

表 5.10 2004 年 1 月 1 日低能见度预警、预报与实况对比表

预警发布时间	2003 年 12 月 31 日 21:50	预警内容	全线大部分： 1 月 1 日 02:00－08:00 能见度<500 m 说明："部分路段能见度将<200 m"	自动监测系统的监测实况
预报发布时间及内容	2004 年 1 月 1 日 02:55 南京－窦庄：03:30 以后<200 m，增浓。 其余路段：05:00 起<500 m。 说明：西段局部能见度<100 m 2004 年 1 月 1 日 03:45 窦庄：03:45 起 50～200 m 苏州工业园－花桥：04:30，<200 m； 其余路段：05:00 起<500 m 2004 年 1 月 1 日 08:22 苏州东－花桥：08:50 后>150 m 玉祁－窦庄：08:40 后>150 m			窦庄：03:30，<200 m 03:40－06:20，100 m 06:20－10:20，100～200 m，最小能见度 50 m 花桥：06:20，<200 m 06:30－10:00，<50 m 昆山：06:40<200 m 07:05－08:30，<50 m 最小能见度 20 m 苏州工业园：06:20，<200 m 06:30－09:30，<150 m 最小能见度 20 m 苏州东：07:30，<200m 08:10，<100 m， 最小能见度 30 m 硕放：06:55，<200 m， 06:55－07:40，<100 m 以上路段从 08:40 到 10:00 左右，能见度先后>200 m

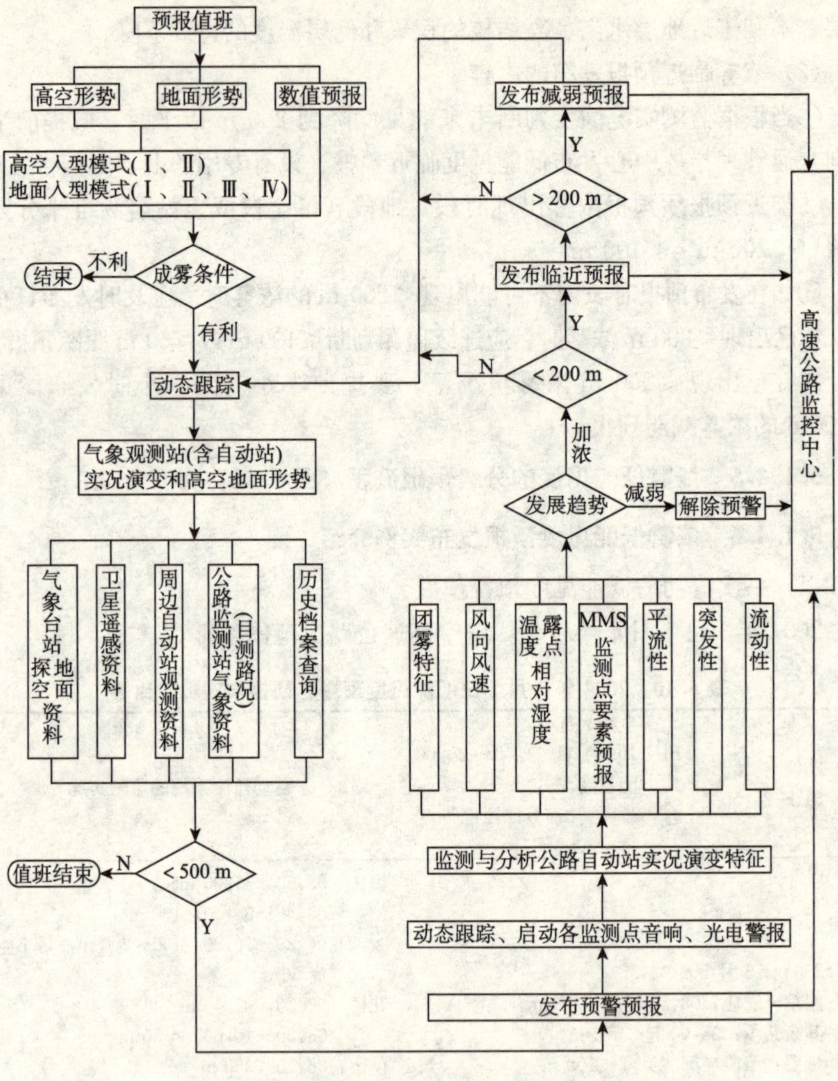

图 5.21　浓雾分级预警、预报业务系统

根据自动监测系统监测到的能见度：窦庄 03:20 低于 200 m，最小能见度为 50 m；花桥 06:20 低于 200 m，最小能见度为 20 m；昆山 06:40 低于 200 m，最小能见度为 20 m；苏州工业园 06:20 低于 200 m，最小能见度为 20 m；苏州东 07:30 低于 200 m，最小能见度为 30 m；硕放 06:55 低于 200 m，最小能见度为 20 m。

对这一次大范围的浓雾，课题组的预警、预报时效、地段和范围均较正确（表 5.11）。

表 5.11 沪宁高速公路（常州—花桥）能见度预报

发布时间：2004年2月19日 20:57			
天气及能见度现况：20:30 实况苏州以东能见度在500 m，上海今日 20:00 能见度 500 m，相对湿度96%，但地面形势，华西有低压槽东伸，江苏省下半夜风力加大对<200 m 浓雾生成不利，但局部在下半夜仍可能出现<200 m 的浓雾。			
预警	路段	全线	苏州东局部
	时间	19日 21:00—20日 05:00	19日 21:00—20日 05：00
	能见度	<500 m	<200 m
预报	路段		
	时间		
	能见度		
	趋势		
说明：			

（2）一次成功的低能见度预警跟踪

2004年2月19日 20:00，500 hPa 环流处在入海低压槽后部的暖脊中，属I_2型；850 hPa 环流为入海高压后部，属Ⅰ型，有暖脊配合，符合<500 hPa的入型条件。

地面 19日 20:00，华东沿海处在日本海南伸高压后部，且华西地区有低压倒槽向东伸展，江苏省处在入海高压后部，但非均压区，在10个纬距内有5条等压线的紧梯度东部。如紧梯度随着华西低压槽发展东扩，则江苏省东南风加大，尤其是沪宁高速东部地区。综合上述形势分析，预计会有<500 m 的雾，但不会有大范围<200 m 的浓雾。

当19日 20:51 花桥、昆山、苏州东能见度分别下降至 426 m，504 m，957 m时，且相对湿度增至96%左右，在19日 20:57 发布了预警（表 5.11）。

预警发布后，值班人员密切监视 AMW 监测到的每分钟显示的信息，并及时从 Micaps 系统调阅 19日23:00、20日 02:00 的地面环流形势和自动站实时监测的要素演变，着重分析能否稳定出现<200 m 的浓雾。

当从 19日 23时到 20日 02:00 地面图上，呈现在江苏省范围内气压梯度加大，同时，花桥、昆山等在 02:35 以后 2 分钟风速均明显增至 1.5～2.0 m/s，能见度基本上稳定在 150～200 m 左右，值班人员最终未增发“临近预报”。

AMW 监测到的能见度实况如下：

昆山：19日 22:35，<200 m，最小值 151 m

20日 01:45，>200 m

花桥：19日23:25，<200 m，最小值157 m

20日03:55，>200 m

苏州东：20日00:25，<200 m，最小值137 m

20日02:25，>200 m

无锡东：20日00:35，<200 m，最小值143 m

20日02:15，>200 m

玉祁：20日02:15，>200 m，短时间最小值197 m

综上分析，自动监测系统的实时监测信息在能见度<200 m的临近预报中起到了关键作用。在大形势符合浓雾的生成条件下，在周边地区也出现浓雾的状态下，就我们的预报地段而言，有了最后是否发布能见度<200 m的预报的决策依据，这样就减少了预报浓雾的盲目性和空报率。

5.1.5 影响交通的区域强风预警预报技术

区域性强风就其预报服务而言，在气象业务部门是一项很早就开展的服务项目；就其预报技术方法而言，是属于比较成熟的一项预报业务。但对影响交通安全运营有针对性的区域性强风的预警预报方面，无论从对交通有影响的强风量级的确定还是从预报服务的精细化、专业化等方面的需求，均有待于更深入的探讨与研究。随着全国高速公路和高速铁路的普及，强风对高速运行的车辆造成的危害与事故也在增加。因而，做好针对性的区域性强风对交通运行有重大危害的预警预报迫在眉睫。

影响交通运营的区域性强风不同于浓雾、短时强降水，后两者均具有突发性和局部性，从预报思路而言应以监测—临近预报为主；而危害交通安全运营的区域性强风则是非突发性的也是非局地性的雷雨大风。因而对于区域性强风（包括台风大风）的预警、预报从时效方面讲可以适当提早；从预报技术方面讲，应以着重分析产生区域性强风的天气系统和统计能表征产生强风的临界指数值为主。要以大范围的地面气压场演变特征为基础，密切注意预报责任区周边的自动气象站的监测实况，综合分析判断，发布强风预警预报。

5.1.5.1 对危及交通运行安全强风量级的确认

内湖和长江： 6级（12 m/s）或5～6级阵风7级（16 m/s）

高速公路： 7级（16m/s）阵风8级（19m/s）

高速铁路： 10级（≥24.5m/s）

5.1.5.2 产生影响交通的区域性强风的天气形势和系统

(1) 冷锋（寒潮、强冷空气）强风

冷锋过境后的强风是我国常见的强风形势，特别在冬半年，尤其是春季、寒潮冷锋过境时可以产生危及交通运营安全的强风。如入侵江苏的寒潮造成最大风速（平均风速）可在 20 m/s（8 级），而瞬时强风可达 29.7 m/s（11 级）。根据南京资料统计，寒潮入侵时伴有 6 级以上强风的几率达 99%，8 级以上的占 43%。所以，寒潮冷锋产生的区域性强风是大概率事件。

冷锋过后是否会产生强风，应考虑如下要点：

指标站外推：在预报责任区上游选指标站，可统计出该站出现达标强风量级的时间与预报区域内出现强风的时间差，如当张家口出现 12 m/s 的西北风时，一般 4 小时后北京出现强风，时差约 4 个小时。

气压梯度与强风的量级：如强冷空气从西北东移南下，冷锋前后的气压差≥12 hPa/10 经度，则冷锋过后会有 6 级（≥12 m/s）以上的强风；如气压差达 15 hPa/10 经度，则冷锋影响时风速可达 15～20 m/s（7～8 级）。

3 小时变压：地面 3 小时气压变化对预报未来强风有很好的预示作用，一般冷锋前负变压大，冷锋后正变压大，则冷锋过境后出现强风的可能性大。如当冷锋自华北南下时，若保定与郑州 3 小时变压差超过 3 hPa，一般 6 小时后郑州的东北风可达 12～20 m/s；如冷锋后部有＋3 hPa 以上的变压区，则冷锋南下时，原锋前地区也会有 6 级以上的强风。

（2）低压（气旋）强风

当低压如东北低压、江淮气旋、东海低压，在其加深发展过程中经常有强风出现，从预报地域所处发展低压的位置可判别强风风向。由于低压在春季最活跃，所以这类大风也在春季最多。

东北、内蒙古地区出现的低压大风，决定于东北低压和蒙古气旋的发展；而当江淮气旋、东海低压发展加深时，在其低压的前部有东南风和南风，而在其后部有偏北风。

有无低压强风，关键是判断低压加深发展与否。据江苏省气象台统计的江淮气旋与大风的分析，发展的江淮气旋（有闭合的等压线二圈）77%有 8 级（≥19 m/s）的强风，尤其在 1 月、8 月、11 月，所有发展的江淮气旋 100%有≥8 级的强风，所以发展气旋诱发的强风也是大概率事件。

（3）偏南强风

在我国东部（东北、华北、华东）地区，常见对交通运营有危害的偏南强风，其地面气压场形势为：我国东部地区处在入海高压的西侧，位于大陆加深低压的东侧或南侧。其气压场有两种型式：

一类地面形势特点是“南高北低”型（图 5.22），高压大都是冷高入海后变性而并入太平洋高压增强，产生偏南强风，主要出现在东北和华北内蒙古地区。

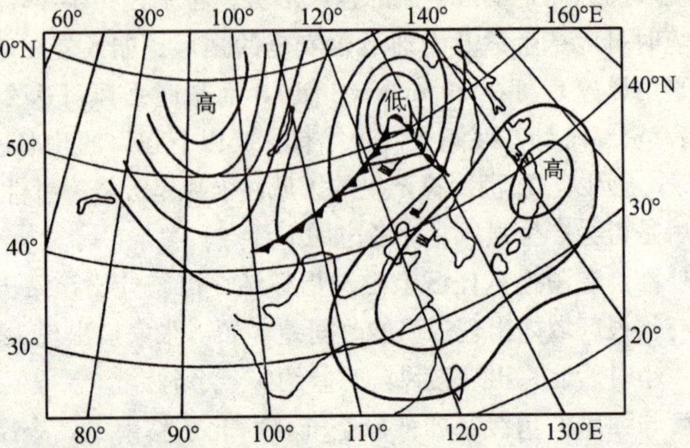

图 5.22　诱发华北、东北地区偏南强风的气压形势场

另一类地面形势特点是“东高西低”型（图 5.23），这类高压为暖性高压(太平洋副热带高压一部分)，当它显著加强且在其西部有低压发展时，则在华东沿海地区有偏南强风出现，这类强风春季最多，秋季次之。

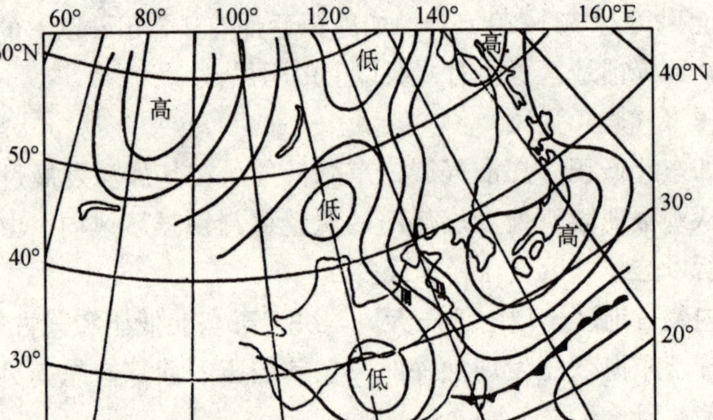

图 5.23　诱发华东沿海偏南强风的气压形势场

(4) 热带气旋（台风）强风

我国东部沿海西起广西、海南北至辽宁都会受到热带气旋强风的影响，在其登陆点附近往往会有 12 级以上的强风侵袭，热带气旋（台风）造成的强风与它移行的路径密切有关。

5.1.5.3　有利于加强区域性强风的某些因素

高空偏南气流与地面偏南气流相互叠置的地区，有利于地面偏南风的加强。

当高空槽后有强冷平流南侵时，会加剧地面偏北强风，如图 5.14，斜线区为低层强风区。

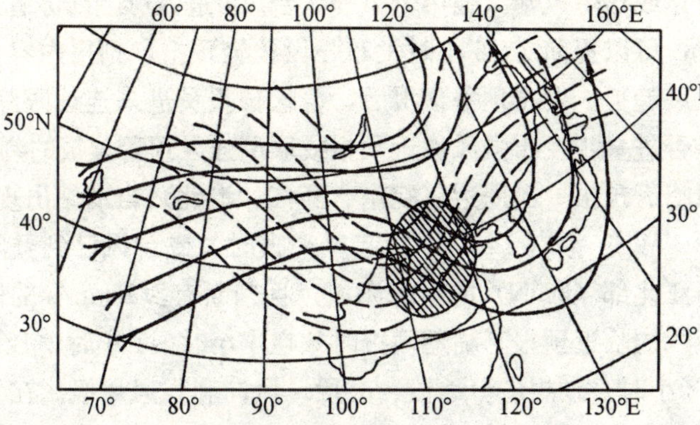

图 5.24　高空冷平流与低层强风区

（实线为 500 hPa 等高线，虚线为等温线，斜线区为低层强风区）

地形的动力作用。山脉的走向、分布，地形的峡谷处等对风速都会起到动力增强作用。一种是阻挡作用，它主要造成局部地区风向的变异；另一种为狭管效应和下曳作用，当气流从喇叭地形地带通过时，在峡谷中风速加强，或当冷空气翻越山地从山上下曳时，有加速空气运动的趋势，极易产生强风。春季的南疆大风大多由此产生。如南疆吐鲁番境内从后沟站到头道河站约 30 km长的地区，由于该地是处在由西北向东南倾斜的下滑地形，因地势条件和狭管效应，当有冷空气由西路进入新疆时，这里的地势刚好顺着冷空气移动的方向，冷空气愈强，风也愈强烈，从而形成了所谓的南疆三十里风区。2007 年 2 月 28 日 02:00 左右，受冷空气影响，由乌鲁木齐开往阿克苏的列车在南疆线珍珠泉至江山渠间，因强风侵袭致使 11 节车厢倾翻。据测风仪记录，列车脱轨地点瞬间最大风速达 27.9 m/s。

5.1.5.4　区域性强风的预警预报发布流程

以南京交通气象研究所根据沪宁高速公路管理中心的需求拟定的强风量级和预警预报流程的内容为例。

（1）强风的量级

根据沪宁高速公路的基本走向是东西向、强风的风向以偏北和偏南的侧向风为准，强风量级经调查统计分析定为风速≥15 m/s（7 级）。

2006 年 7 月 22 日，沪宁高速公路上由上海到南京的汽车被狂风吹得撞向护栏，当时是平均风速为 15 m/s 的东南风，由此也证实了确认风速≥15 m/s（7 级）作为强风量级是恰当的。

(2) 强风预警预报发布流程

发布强风预警预报。当出现强冷空气南下、江淮气旋发展、华北低压或低压槽加深时；或热带风暴（强热带风暴、台风）进入影响江苏省划定的风雨影响警戒区时，可以提前3～6小时发布强风预警预报，预报内容包括影响时段、路段和发展趋势。发布预警预报后，值班预报员进入连续跟踪监测过程，要及时作出是否进一步发布强风临近预报或取消强风预警预报的判断。

发布强风临近预报。当周边（皖南、浙江、淮北）自动站出现10 m/s平均风或江苏省“WS”报有14 m/s的起风来报时，或台风已到登陆前后或已近海北上达浙江北部（30°N）的沿海海域，且判断有≥15 m/s的区域性强风时，应发布强风的临近预报。临近预报时效在半小时～1小时，台风产生的强风应提前1～2小时。预报应分地段、时段、风向和强风风级。在发布临近预报时段内应连续跟踪，及时做出订正预报。

5.1.5.5 区域性强风过程实例分析

表5.12 2007年5月5日江苏强风实况（≥14 m/s）

站名	强风出现时间	风速/(m/s)	风向/°
赣榆	16:30	14	360
赣榆	16:38	19	190
连云港	16:50	14	40
东海	16:54	15	20
灌云	17:37	16	20
新沂	17:40	14	340
响水	17:45	18	360
沭阳	17:47	16	360
邳州	17:49	16	20
灌南	17:56	18	340
灌南	18:08	21	20
响水	18:18	21	360
滨海	18:26	15	360
睢宁	18:38	17	70
泗阳	18:38	16	340
阜宁	18:45	16	360
阜宁	18:47	18	340
滨海	18:49	18	340
阜宁	18:51	20	360
淮安	18:56	16	340
射阳	19:14	16	360
楚州	19:14	14	70

续表

站名	强风出现时间	风速/（m/s）	风向/°
射阳	19:19	18	320
建湖	19:19	15	360
泗洪	19:25	14	360
楚州	19:34	18	40
洪泽	19:31	16	320
盐城	19:38	17	360
盐城	19:43	23	20
宝应	19:50	14	360
宝应	19:54	17	360
建湖	19:54	19	20
大丰	20:17	17	360
高邮	20:40	23	360
东台	20:48	15	360
东台	20:53	19	360
如皋	21:50	14	40
如皋	22:00	17	20
常州	22:23	16	320
常州	22:29	19	20
南通	22:39	14	70
无锡	23:02	16	20
无锡	23:12	20	20
吕四	23:20	16	340
溧阳	23:28	17	40
昆山	23:41	15	340
昆山	23:50	23	360

从表5.12、图5.25可见，2007年5月5日江苏省出现偏北强风。最早起风时间（≥14 m/s）在淮北的赣榆（16:30），后强风自北而南横扫全省；最迟起风的是昆山（23:41），前后相差7小时。风力最强达23 m/s（9级），出现在高邮和盐城。这次强风过程从发布强风预警预报流程角度分析有以下几点：

（1）符合发布强风预警预报入型模式。从图5.26可见，地面在内蒙古有强冷空气南下，该冷空气正处在500 hPa（图5.27）发展的沿海槽后部西北气流下，且高层有强冷平流配合，有高空冷平流南下的叠加作用，符合强冷空气南下造成的强风类型。

（2）发布强风临近预报设计的技术思路可行。从图5.25看出，在强风自北而南侵袭过程中的等时线呈准东西向，以56～58 km/h的速度（江苏南北跨度约460 km）向南推进。从冷空气强风首先出现在16:38，到沿江出现

14～16 m/s强风，经历5个半小时，沪宁线所属苏南地区在22:29—23:50出现16～23 m/s的强风。所以根据江苏省“WS”报强风来报的实时监测信息，再结合自动站（每小时）的实时监测纪录，要求提前1小时左右发布影响沪宁高速公路安全运行的强风灾害性天气的临近预报是完全有可能的。

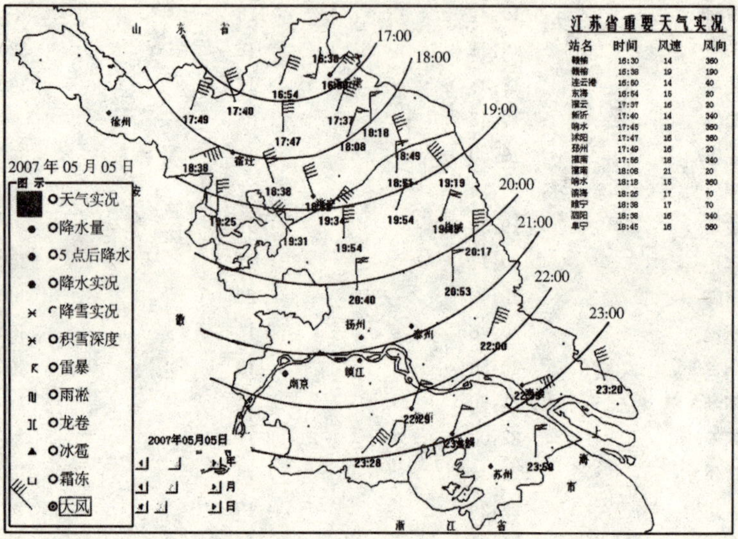

图5.25　2007年5月5日江苏省强风等时线示意图

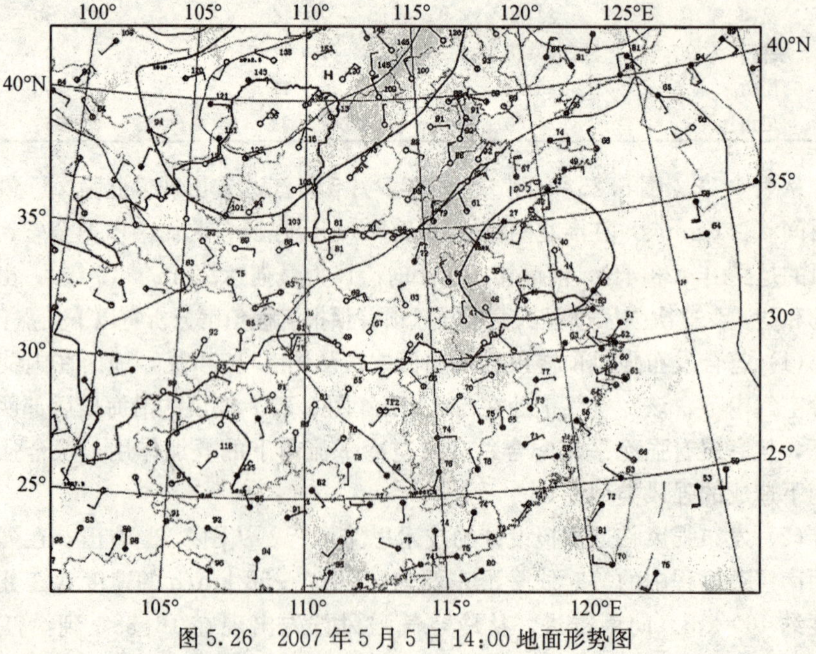

图5.26　2007年5月5日14:00地面形势图

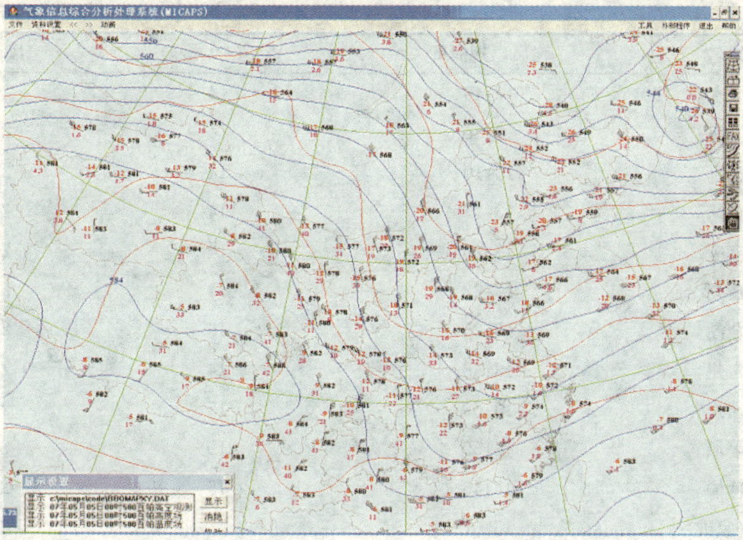

图 5.27　2007 年 5 月 5 日 08:00 500 hPa 形势图

5.1.5.6　强风预警预报实例

2007 年 5 月 17 日江苏全省大部分地区从中午到下午普遍出现 14～16 m/s危害行车安全的侧向西南强风。从江苏省“WS”报实时监测报分析，最早出现强风的是射阳（09:41，14 m/s），风向 220°（西南风），而沪宁高速所在苏南地区出现强风最早的地点在溧阳（10:58），强风盛发时段为13:00—15:20（见表 5.13）。

表 5.13　2007 年 5 月 17 日江苏省强风实测表

站名	强风出现时间	风速/（m/s）	风向/°
射阳	09:41	14	220
徐州	09:47	14	250
楚州	10:38	16	250
溧阳	10:58	15	220
盐城	11:23	14	250
东海	11:55	15	290
宜兴	12:00	14	250
大丰	12:13	14	220
阜宁	12:17	15	220
盱眙	12:07	14	220
镇江	12:25	14	250
东台	12:32	14	220
如皋	12:35	15	250

续表

站名	强风出现时间	风速/（m/s）	风向/°
溧水	12:49	14	250
滨海	13:55	14	270
江宁	13:10	14	220
金坛	13:17	14	200
宝应	13:20	14	250
建湖	13:22	14	250
金湖	13:25	16	290
常州	13:48	14	220
通州	13:59	15	200
姜堰	13:59	15	250
赣榆	14:46	15	290
张家港	15:07	15	270
如东	15:11	15	250
江阴	17:25	16	250

(1) 2007 年 5 月 17 日强风预警的发布

依据：从 5 月 17 日 08:00 地面形势场分析，江苏省处在从东北伸向华北的低压槽南部，30°N 以南是变性冷高压带，属于典型的“南高北低”类强风天气型。在 110°E 以东的 30°—35°N 范围内，南北间的气压差达 11～12 hPa/5纬距，气压梯度值已达强风出现的临界值。

根据江苏省“WS”来报（见表 5.13）分析，09:41 在射阳（江苏省江淮地区）已出现 14 m/s 的西南风，且在 08:00 地面形势图上安徽境内也已出现 10 m/s 的平均风，均达到发布强风的预警预报临界指数值。

所以根据以上分析，在 10:09 分发布了强风预警预报（表 5.14）。

表 5.14　沪宁高速公路强风预警

发布时间		2007 年 05 月 17 日 10:09:58
天气实况及灾害实况：受东北低压南伸低压槽影响，江苏境内地面气压的梯度较大		
预警	路段	沪宁全线
	时间	11:00—16:00
	气象灾害	5 级左右，阵风 6～7 级，西南阵风可达 7 级

(2) 2007 年 5 月 17 日强风临近预报的发布

依据：根据 11:00 地面形势图南北向的气压梯度增大到 12～13 hPa/5纬距，位于东北的低压仍在发展。南北间的气压梯度从中午到下午仍将维持。

5月17日12：00，江苏全省自动站淮河以南地区平均风达12～14 m/s，苏南西部（沪宁高速西段）的风力也有12～14 m/s。

根据“WS”报，溧阳（沪宁高速西端）在10:58出现15 m/s（220°）的西南强风，后宜兴在12:00出现14 m/s（250°）的强风。

从以上分析，在12:58分发布强风的临近预报。路段：沪宁全线，时间：13:30—16:30。气象灾害:风力5级，阵风7级。

5.1.6 影响交通的高、低温预报预警技术

关于标准的环境温度（百叶箱温度）预报，在气象业务部门与风的预报一样已具有相当的历史进程，且早已成为公众预报的必报项目。尤其是冬半年的最低气温与夏半年的最高气温，更为社会各界所关注。最高气温≥35℃，已作为盛夏高温日和采取防暑降温的标志性指标值。

但就影响交通安全运行的路面高温和低温的预报而言，对气象业务部门还是一项新的业务项目。当然对高、低温的预报技术方法而论已是比较成熟、可信的。气温预报包括各层大气的温度预报，也是目前数值预报产品精确度和可信度较高的气象要素。所以开展交通气象高、低温预报的关键是“裸露”的公路路面对交通运行有危害的高、低温临界值的确定及公路路面的最高温度、最低温度与环境最高气温和最低气温间的大致差值。

前者的解决方案，南京交通气象研究所采取了在沪宁高速公路（镇江仙人山，无锡梅村段）路面一侧设置地表温度的实时监测，以提供实时的公路路面温度记录，并作为制作冬半年公路最低气温和夏半年公路最高气温的主要参照依据。后者则通过该二站自动气象监测仪实测环境最高、最低气温作对比分析，得出环境气温与公路地表温度间的差值以供预报应用。

5.1.6.1 南京气象观测站地表最高、最低温度与气温最高、最低值分析

（1）南京地面极端最高、最低温度值分析

由表5.15可见，南京地面极端最高温度出现在1966年8月8日，历史极值为71.3℃；地面极端最低温度出现在1969年2月5日，历史极值为－19.6℃。相应的1966年8月8日气温最高值为39.8℃，1969年2月5日气温最低值为－12.2℃。二者相差分别为31.5℃和7.4℃。

（2）南京冬季（12月—2月）极端最低气温（＜－5℃）与地表温度分析

表 5.15　南京各月地面极端最高、最低温度值表　　单位:℃

月	1	2	3	4	5	6	7	8	9	10	11	12
最高地温	32.6	38.0	49.4	56.3	62.0	65.6	68.6	71.3	66.5	56.9	43.0	34.4
年	1979	1979	1979	1977	1965	1966	1966	1966	1967	1976	1979	1975
日	27	20	28	23	23	23	28	8	2	2	1	3
最低地温	−16.6	−19.6	−7.6	−4.1	1.8	8.5	16.5	15.8	6.9	−1.0	−7.5	−15.5
年	1977	1969	1958	1961	1961	1968	1967	1968	1958	1958	1979	1966
日	31	5	3	16	4	10	6	30	29	28	29	28

从表 5.16 可见，历史上冬季日最低气温＜−5℃时，相对应的地表温度均偏低，偏低值最大达 7.4℃，最小为 1.0℃；平均偏低 4.2℃，最多的偏低幅度在 3～5℃之间。就出现极端最低气温≤−5.5℃的时段而言，主要在冬季的 1—2 月。

表 5.16　南京冬季（12 月—2 月）最低气温、最低地表温度表　　单位:℃

1月				2月				12月			
年	日	气温 min	地表温 min	年	日	气温 min	地表温 min	年	日	气温 min	地表温 min
1959	10	−5.5	−10.8	1957	11	−11.6	−18.3	1960	19	−8.3	−11.3
1961	1	−8.9	−10.7	1958	28	−7.4	−14.7	1966	28	−11.5	−15.5
1963	13	−6.7	−10.5	1963	4	−9.3	−11.9				
1965	12	−9.2	−11.5	1964	18	−6.3	−10.8				
1967	16	−9.9	−10.9	1968	20	−8.6	−13.5				
1969	31	−9.4	−15.1	1969	5	−12.2	−19.6				
1970	16	−11.0	−14.2								

（3）南京盛夏（7—9 月）极端最高地表温度（≥55℃）与最高气温的分析

从表 5.17 分析可见：盛夏季节地表最高温度≥55℃时，最高气温≥35℃占 20/29（69%）；9 月当最高地表温度≥55℃，最高气温≥35℃的只有 2/6（33%），所以从南京资料分析，地表温度≥55℃同时气温也在≥35℃的时段，主要在盛夏的 7、8 月。

最高地温 71.3℃（8 月）相对应的最高气温为 39.8℃，并非是同时段内的极端最高气温 40.7℃（1959 年 8 月 22 日），所以并不是极端最高气温一定对应于极端最高地表温度。

最高地表温度与最高气温的差值，最大达 32℃，最小为 21.3℃，平均值为 26.5℃。这比冬季最低地表温度与最低气温差的均值 4.2℃增大了 5 倍以上，这对设定公路地面高温与气温的警戒值很有参考价值。

表 5.17　南京夏季（7—9 月）极端最高地表温度、最高气温表　　单位：℃

7月				8月				9月			
年	日	气温 max	地表温 max	年	日	气温 max	地表温 max	年	日	气温 max	地表温 max
1958	28	37.3	63.9	1958	10	35.2	57.3	1960	3	33.9	60.1
1959	24	36.6	65.2	1959	23	39.8	65.1	1964	3	36.8	65.1
1960	31	34.4	59.1	1960	18	32.9	59.4	1966	1	32.3	59.2
1961	2	34.6	65.2	1961	23	38.3	64.1	1967	2	36.4	66.5
1962	18	35.7	60.7	1962	4	34.5	56.4	1968	7	33.5	55.0
1964	21	35.8	66.3	1964	7	36.8	63.2	1969	21	34.5	57.9
1964	22	37.0	66.3	1966	8	39.8	71.3				
1965	15	35.5	57.1	1967	28	38.8	69.0				
1966	28	36.6	68.6	1968	22	35.5	66.8				
1967	20	35.2	61.5	1969	18	36.2	62.0				
1968	31	35.7	57.7	1970	13	32.9	58.5				
1969	31	36.6	57.9								

5.1.6.2　沪宁高速公路最高地表温度、最高气温的监测、对比分析

选取 2006 年出现最高气温≥35℃较持续的时段，7 月 27—31 日和 8 月 1—16 日的公路实测记录见表 5.18。

表 5.18　沪宁高速公路最高地温与最高气温实测表　　单位：℃

日期	无锡段梅村服务区		镇江段仙人山服务区	
	最高地表温（出现时间）	最高气温（出现时间）	最高地表温（出现时间）	最高气温（出现时间）
7 月 27 日	57.1（12:46）	35.0（12:20）	49.3（15:58）	34.2（15:24）
7 月 28 日	61.0（13:47）	38.5（13:55）	59.0（13:46）	37.5（15:03）
7 月 29 日	63.6（13:57）	40.2（14:01）	60.7（14:10）	38.7（15:19）
7 月 30 日	63.1（13:17）	39.0（13:58）	61.8（13:41）	39.4（15:46）
7 月 31 日	62.8（13:17）	39.7（14:23）	60.1（13:35）	37.9（13:25）
8 月 1 日	61.8（12:36）	38.9（12:34）	56.3（14:47）	37.1（14:43）
8 月 2 日	61.9（12:55）	37.7（12:53）	52.3（13:58）	35.5（15:34）
8 月 3 日	59.0（13:04）	36.5（14:43）	56.2（13:46）	35.3（14:43）
8 月 4 日	57.3（12:21）	35.7（14:27）	56.3（13:46）	35.2（13:58）
8 月 8 日	59.3（12:23）	36.5（14:43）	54.8（13:12）	35.2（13:08）
8 月 9 日	58.9（13:10）	35.2（13:07）	51.3（12:47）	34.1（13:21）
8 月 11 日	59.3（13:47）	37.0（14:39）	53.2（14:09）	35.9（13:29）
8 月 12 日	62.4（13:19）	40.1（14:08）	60.1（13:45）	39.6（14:07）
8 月 13 日	61.3（12:10）	39.9（12:02）	60.1（14:11）	39.8（14:17）
8 月 14 日	58.2（11:52）	40.4（11:43）	60.6（14:14）	40.8（13:58）
8 月 15 日	58.0（12:48）	37.5（12:44）	58.3（13:16）	39.8（12:55）
8 月 16 日	50.8（12:16）	36.5（11:09）	47.0（11:18）	34.6（12:01）

(1) 无锡段梅村服务区站

在公路最高气温≥35℃的17例中，相应公路路面温度在55℃以上占16/17；当公路最高气温在35～38.9℃时，公路路面最高温度在57～62℃；当公路最高气温≥39℃时，公路路面最高温度在61～64℃。

公路路面在2006年7—8月高温时段测得的地表最高温度为63.6℃，公路最高气温为40.4℃。公路路面最高温度与最高气温相差最大值为24.2℃，一般差值在21～23℃，个别阴雨日在14～18℃，平均差值为21.9℃。

公路路面最高温度出现时段绝大多数在12:30—14:00，而公路最高气温绝大多数出现在12:50—14:48，稍落后于公路路面最高温度出现时间。

(2) 镇江段仙人山服务区站

在公路最高气温≥35℃的14例中，相应公路路面温度在55℃以上占11/14；当公路最高气温35～38.9℃时，公路路面最高温度在56～61℃，占6/9；当公路最高气温≥39℃时，公路路面最高温度绝大多在60～62℃。

公路路面在2006年7—8月高温时段测得的地表最高温度为61.8℃，公路最高气温为40.8℃。公路路面最高温度与最高气温相差最大值为22.2℃，一般差值在20～22℃，个别阴雨日在12～15℃，平均差值为19.2℃。

公路路面最高温度出现时段绝大多数在12:47—14:47，公路最高气温绝大多数出现在：12:55—15:19，也稍落后于公路路面出现最高值的时间。

5.1.6.3 沪宁高速公路冬季最低地表温度与最低气温的监测、对比分析

选2007年1—3月公路仙人山自动站气温<0℃18个个例作对比分析（表5.19）。

从表5.19可看出2007年冬季<0℃的个例中，公路最低地表温度绝大多数低于公路最低气温，公路最低气温为－4.0℃，而公路最低地表温度为－4.9℃。公路最低气温与最低地表温度相差最大值为2.2℃，个别阴天情况下最低地表温度会高于最低气温。最低地表温度偏低于最低气温平均值在0.8℃，大大小于最高地表温度与最高气温的平均差值。

根据以上地面最低温度历史极值和公路路面最低地温的实测数据，综合分析得出了交通气象发布公路、高温、低温预警预报的临界指数值。

5.1.6.4 影响公路交通的高温、低温预警预报发布流程

(1) 公路高温预警预报的发布临界指数值和流程

高温预警预报的发布：当沪宁高速（苏南地区）处在副热带高压脊（500 hPa高度值≥588 gpdm，包括分裂大陆高压或西风带暖高压脊）控制下，天气晴热，关注云量应≤5。根据南京观测站、仙人山、梅村监测站逐时温度监测实况，10:00 地表温度>50℃、气温预计≥35℃时可发布预警预报。发布时间在 10:30 以前，应预报高温出现的大致时段、地段。

表 5.19 沪宁高速公路最低地表温度与最低气温实测表 单位:℃

日期	仙人山服务区	
	最低地温（出现时间）	最低气温（出现时间）
1月7日	−3.0 (07:15)	−4.1 (06:59)
1月8日	−3.4 (06:47)	−4.4 (07:38)
1月9日	−3.4 (06:20)	−3.8 (07:37)
1月10日	−2.6 (06:40)	−4.0 (06:57)
1月13日	−0.9 (05:45)	−2.4 (07:01)
1月14日	−1.5 (02:16)	−2.2 (06:55)
1月18日	−1.8 (06:11)	−0.9 (06:57)
1月24日	−1.6 (06:52)	−2.9 (06:52)
1月25日	−1.3 (04:10)	−2.0 (04:41)
1月27日	−2.5 (06:28)	−2.4 (06:48)
1月28日	−1.1 (06:46)	−2.7 (07:42)
1月31日	−1.2 (06:47)	−2.2 (06:50)
2月1日	−2.7 (05:23)	−3.2 (07:09)
2月2日	−4.0 (06:36)	−4.3 (06:45)
2月3日	−1.0 (07:11)	−1.1 (06:47)
2月13日	−1.0 (06:05)	−2.5 (06:53)
3月6日	−2.7 (06:57)	−4.9 (06:59)
3月7日	−2.0 (06:40)	−3.1 (06:27)

高温临近预报的发布：当监测点地表温>55℃（并预计可达≥60℃）可发布高温临近预报。发布时间可在 12:30 之前，应预报高温出现的时段、地段。

当发布临近预报后，如考虑天气条件不利于在预报时段和地段内出现高温时应及时解除预警、预报。

(2) 公路低温预警预报的发布临界指数值和流程

低温预警预报的发布：当有强冷空气南下（或冷空气持续补充南下），气温将降至−2℃以下（或持续在−2℃以下）时，应发布低温（路面冰冻）预警。发布预警的时间在晚上 24:00 以前。

低温临近预报的发布：当自动站（苏南地区）地表温度降至−4℃，气温已在−2℃以下，且预计地表温度将会降至−5℃或−5℃以下，应发布临近预报。发布临近预报应提前 1～2 小时。

低温预警、临近预报应预报低温出现的大致时段、路段（可全段或可分段）；路面温度可分以下三个等级：−5℃或其以下；−5℃至−10℃；低于

−10℃。当路面因有雨或积雪（水）可能有结冰时，应在预警、临近预报中注明。

5.1.6.5 公路高温、低温预警预报实例

（1）高温预警预报实例

2007 年 7 月 29 日西太平洋副热带高压脊（500 hPa 高度值≥588 gpdm）明显西伸控制华东地区，根据天气形势特征和公路监测的温度实况，分析达到发布高温预警预报的临界指数值，值班预报员分别在 10:17 和 11:08 发布沪宁高速公路高温预警和高温临近预报（表 5.20，表 5.21）。

表 5.20 沪宁高速公路高温预警

发布时间	2007 年 07 月 29 日 10:17:17	
天气实况及灾害实况：高温警报。受副热带高压控制，天气晴热，今天最高气温 37～38℃，路面高温>62℃		
预警	路段	沪宁全线
	时间	13:00—15:30
	气象灾害	路面温度>62℃

表 5.21 沪宁高速公路高温临近预报

发布时间	2007 年 07 月 29 日 11:08:42	
天气实况及灾害实况：高温警报。受副热带高压控制，天气晴热，今天最高气温 37～38℃，路面高温>62℃		
临近预报	路段	沪宁全线
	时间	13:00—15:30
	气象灾害	路面温度>62℃
	发展趋势	

实况检验：根据设置在沪宁高速公路路面的温度监测器纪录，无锡段梅村路面最高温度 64.3℃（出现时间：14:06），路面最高气温 42.4℃（出现时间：14:21）；镇江段仙人山路面最高温度 64.2℃（出现时间：13:33），路面最高气温 41.0℃（出现时间：14:14）。

（2）低温预警预报实例

2006 年 1 月 6 日强冷空气南下，850 hPa 6 日 20：00 江苏省沿江西部温度下降 8℃左右，6 日白天南京出现平均 6～8 m/s 西北风，7 日维持西北风，最低气温明显下降。7 日晚上值班预报员根据环流特征和监测实况发布了沪宁高速公路低温、路面冰冻预警和临近预报（表 5.22，表 5.23）。

实况检验：2007 年 1 月 8 日仙人山实测路面最低气温−3.4℃（出现时间：06:47），路面最低地温−4.4℃（出现时间 07:38）；南京观测站最低气温−4.1℃，最低地表温度−6.0℃（出现时间 07:00）。预警、预

报均准确。

表 5.22 沪宁高速公路气象灾害低温、路面冰冻预警

发布时间	2007年01月07日 20:47:40	
天气实况及灾害实况：受冷空气南下影响，气温较低。		
预警	路段	南京—常州段
	时间	02:00—07:00
	气象灾害	低温，路面冰冻

表 5.23 沪宁高速公路低温、路面冰冻临近预报

发布时间	2007年01月07日 22:21:14	
天气实况及灾害实况：受冷空气影响，气温降低，最低气温在－4℃左右，地温最低－5℃或以下，请注意防冻。		
预警	路段	
	时间	
	气象灾害	
临近预报	路段	南京—无锡段
	时间	00：00—07：00
	气象灾害	路面温度－5℃或以下，有冰冻
	发展趋势	

5.1.7 影响交通的降（积）雪与冰冻预报预警技术

降雪对交通的危害和运营的影响，除了积雪的深度外，主要是下雪后的结冰，尤其是当公路路面积雪在低温条件下经车辆碾压后形成路面冰冻层，极大地减小了车轮与路面的摩擦系数而造成交通事故。所以，对交通有影响的积雪（冰冻）的预报，关键是对降雪的预报和对环境低温包括路面低温的预报。

就降雪和低温预报而言，在气象部门早已纳入公众预报和业务服务，其预报的技术方法也比较成熟。而对公路交通、机场航运而言，主要是降雪预报的及时、正确，要给交通部门留有采取应急措施的余地。所以为做好降雪（路面冰冻）的预警和临近预报，还是应从设计发布降雪预警预报的临界指数值的确定着手。为此南京交通气象研究所在借鉴江苏省气象台关于降雪、冰冻预报已有成果和预报经验的基础上，确定了如下的预报指标与临界指数值，设计了发布降雪（冰冻）的预警、预报流程。

5.1.7.1 南京地区冬季路面结冰打滑类型

经统计分析，冬季降雪（雨夹雪）造成公路路面摩擦系数减小，车轮打滑的类型有三类（表 5.24）。

表 5.24 降雪、降水路面打滑类型分类

打滑类型	气温/℃	地表温度/℃
雪降至暖路面	≤0℃	>0℃
雨或雨夹雪降至严寒路面	>0℃	<0℃
雪降至严寒路面	≤0℃	<0℃

从表 5.24 可见：冬季路面打滑主要涉及有无降雪、气温和地表温度的预报。

5.1.7.2 南京地区降雨、降雪结冰的温度指数值

从表 5.25 可知：不论是降雪还是降雨，要使路面结冰，当日的地表温度均应在 0℃以下，但降雨结冰地表温度值要高于降雪结冰值。从气温值分析，降雨结冰气温在 0℃以上即可，但降雪结冰时气温要在 0℃以下。从低、中层 850 hPa和 700 hPa 的温度分析，不论是降雨还是降雪，气层的温度值均在 0℃以下，且降雪结冰的气层温度远低于降雨结冰的气层温度。

表 5.25 南京地区地面结冰的温度值

分类	气温/℃	850 hPa 温度/℃	700 hPa 温度/℃	当日最低地表温度/℃
降雪结冰	−0.33	−6.11	−4.95	−1.44
降雨结冰	3.31	−1.94	−3.89	−0.83

5.1.7.3 影响公路交通降雪（冰冻）预警预报发布流程（以沪宁高速公路为准）

（1）当 850 hPa 温度（参见南京探空、EC 850 hPa 温度实况和预报）达到−3℃以下，沿江、苏南地区自动站（包括南京小校场）气温降至 1～2℃，且有降水将转雪或将有降雪。

（2）周边安徽、苏北地区（天气图）已有小阵雪，且 850 hPa 0℃等温线已过 31°N。

凡符合以上任一条应发布预警。当周边或苏北地区已出现连续性小雪或中雪时，应发布临近预报。在发布临近预报时应考虑：

（1）当有小雪且地表温度低于−2℃（苏南自动站）时，要考虑公路路面结冰。

（2）当气温已降至 0℃附近或 0℃以下时，且 850 hPa 温度在−5℃或−5℃以下时，周边已有连续性中—大雪或本区域已有中—大雪要考虑公路路面积雪。

（3）发布临近预报时，应在“说明”栏中注明路面有无结冰和有无积雪。

（4）发布临近预报应提前 1～2 小时。

5.1.8 影响交通的沙尘暴预警技术

沙尘暴，根据国家标准《沙尘暴天气等级》分为五个等级，经调查分析影响交通运营安全的沙尘暴应是：强沙尘暴——大风将地面尘沙吹起使空气非常浑浊，水平能见度小于500 m；特强沙尘暴（俗称黑风暴）——狂风将地面尘沙吹起，出现时黄沙滚滚，遮天蔽日，水平能见度降至50 m以下。发生这两个等级的沙尘暴常伴有强风，所以，在强沙尘暴出现路段，包括机场、公路、轮船码头等均应采取防范措施；在特强沙尘暴出现时，机场、高速公路、轮渡等应暂时采取关闭、封路、封航措施。

对沙尘暴的预报预警技术，目前尚处在探索研究阶段，即使已在发布沙尘暴天气的中央气象台和陕西省气象台，其预报技术也仍处在试验和改进中。所发布的沙尘暴预报还处于以定性描述为主的阶段，尚未做到针对交通运营安全的有关路段定量的预警预报。

据了解，徐建芬等（2002）利用国家气象中心的数值预报产品，结合卫星云图和常规气象资料，在分析沙尘暴天气气候特点、形成条件及沙尘暴发生的天气尺度、中尺度天气系统特征和云图特征的基础上，对沙尘暴进行了客观分类，归纳沙尘暴天气概念模型，并通过大量沙尘暴个例分析、研究了沙尘暴的落区特点，提出了沙尘暴预报着眼点，建立了西北地区沙尘暴短期预报系统。

现以陕西省沙尘暴天气的预报预警技术为例作介绍。

（1）归纳发生沙尘暴天气的形势特征：从500 hPa形势图和地面天气图的特征，将该地区沙尘暴天气的影响系统归纳为西北气流型、巴尔喀什湖槽型和蒙古冷槽型三类。

（2）预报陕西是否出现沙尘暴天气流程：根据500 hPa环流形势，判别类型→地面天山附近或河套北部有无冷锋出现→冷空气前是否有较强暖空气，是否有低气压发展→陕西的上游内蒙古、宁夏、甘肃有无沙尘暴出现→利用卫星云图监测其发展和移动演变。

（3）沙尘天气预报的发布：当根据遥感、地面监测资料及数值预报等信息判断未来24小时沙尘天气将影响预报责任区和大城市，且有大范围严重的沙尘天气时，要及时通过公众媒体发布沙尘天气预警预报；对一般影响的沙尘天气及时编发内部公报、专报，向各级政府和有关部门提供。沙尘天气预报、警报应包括发生沙尘天气的区域、时段、强度、可能造成的影响及对策建议等。

（4）预报实例（陕西省气象台发布）

重要天气报告

(第13期)

陕西省气象台　主任：陶建玲　签发：梁生俊　2006年3月10日11时

大风降温消息

受蒙古国强冷空气东移南下影响，从今天晚上开始到12日，我省自北向南将有一次明显的大风降温和沙尘天气过程。今天晚上到明天白天，陕北、关中北部大部分地区有6级左右偏北风，部分地区有沙尘天气，陕北北部局部有沙尘暴；日平均气温陕北将下降10～12℃，关中、陕南下降8～10℃；极端最低气温陕北北部将达到−7～−9℃，陕北南部、关中北部−4～−6℃，关中南部、商洛0℃左右，汉中、安康1～3℃；同时受西南暖湿气流影响，陕北南部部分地区、关中大部有小雨或雨夹雪转小雪，陕南有小到中雨、请有关部门做好预防工作。

报送：省委办公室，省人大办公室，省政府办公室，省政协办公室。
省防汛抗旱办，省农业厅，省委办公厅信息处

5.2　交通气象灾害信息发布与传播

交通气象灾害的发生具有突发性、局部性，当然也有区域性，所以交通气象灾害的信息发布，尤其是突发性灾害天气的临近预报必须及时快捷，信息发布的渠道从专业用户对象到公众媒体都要保持高度畅通，在灾害天气来临前公诸于众，以便用户和公众及有关部门采取应急防御措施。具体的信息发布和传播以江苏省南京交通气象研究所研制开发的信息发布平台和江苏交通气象传输网络为例。

5.2.1　沪宁高速公路马群指挥中心专线终端

信息发布平台主要发布沪宁高速公路沿线最新的路况实时监测信息和预警、预报信息及决策管理信息。终端安装在沪宁高速公路马群指挥中心，沪宁高速公路各管理分中心均可通过web方式浏览服务器的所有信息，所有信息均为自动显示。终端信息显示界面如图5.28所示

信息显示终端对已出现的灾害性天气实况设置了预警界限，如对能见度而言：绿色为某站能见度值已降至500～200 m；黄色表示某站能见度值已降至200～50 m；红色表示某站能见度值已低于50 m。同时，在相应测站上的色标会闪烁，以起到警示作用。

系统还可以对图形进行放大或缩小，也可移动图形，调整最佳的可视比例和重点显示区域。同时，系统提供了环境气象要素实时监控、历史气象要素查询、历史及实时资料绘图等三个界面，如低能见度监测、预警信息的自动显示（图5.29）。

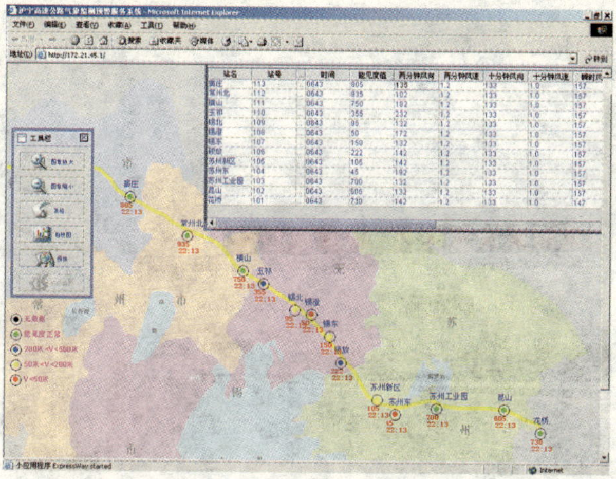

图 5.28 终端信息显示界面

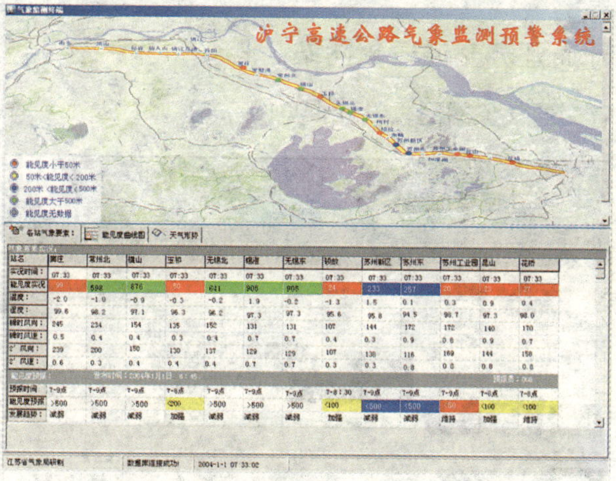

图 5.29 低能见度监测预警信息自动显示

5.2.2 设置公路大屏信息显示栏

在高速公路上间隔一定间距设置跨路面的大屏显示栏，及时滚动显示气象部门发布的交通气象灾害信息和临近预报，向过往司机发出警示性要点，如“减速慢行”、“前方 XX 处限速”、“前方 XX 出口处分流”、“前方 XX 段到 XX 段封闭”等（图 5.30）。

图 5.30　设置在沪宁高速公路上的大屏显示栏

5.2.3　开通江苏交通气象网站

(1) 江苏省交通气象网网页设计，见图 5.31

图 5.31　江苏交通气象网页视屏显示

(2) 京沪高速公路预报信息和监测信息显示图，见图 5.32

图 5.32 京沪高速公路预报信息和监测信息显示

（3）江苏公路各路段预报信息展示，见图 5.33

图 5.33 江苏公路各路段预报信息显示

（4）沪宁高速公路沿线自动站气象要素信息监测实况显示，见图 5.34

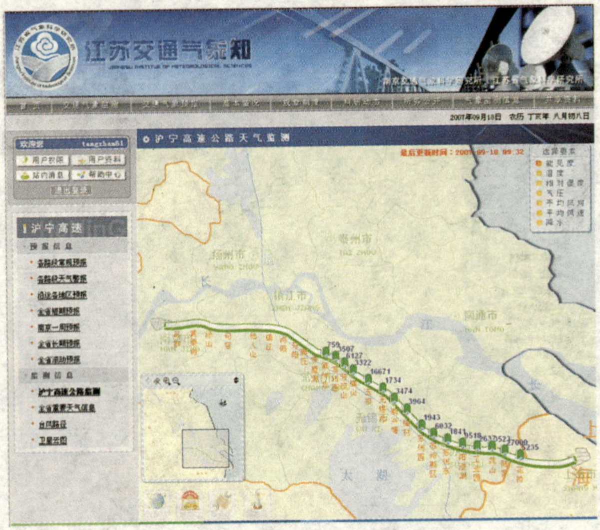

图 5.34　沪宁高速公路气象要素信息监测显示

(5) 沪宁高速公路各路段天气预报展示，见图 5.35

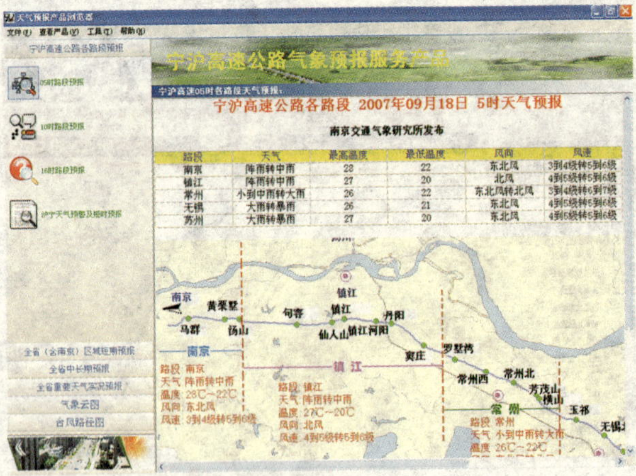

图 5.35　沪宁高速公路沿线自动站各路段天气预报显示

5.2.4　借助媒体向公众发布信息

通过手机短信、电视插播（滚动播发）、无线广播（各地的交通台）等媒体向公众及时发布交通气象灾害的相关信息，使准备外出或已经出行的公众获得气象灾害侵袭某地域的信息，做好预防措施，提高公众对气象灾害的应对能力。

总之，对交通灾害性天气的发布务必做到恶劣天气早知道、早报警、早处置，减少交通堵塞和交通事故的发生几率，提高交通安全服务水平。

5.2.5 交通气象信息交换和发布制度

为预防和减少恶劣天气条件下的道路交通事故，最大限度地降低天气对道路交通的影响，中华人民共和国公安部、中国气象局 2007 年共同发布了《关于建立道路交通安全气象信息交换和发布制度的通知》全文如下：

为预防和减少恶劣天气条件下的道路交通事故，最大限度地降低天气对道路交通的影响，公安部、中国气象局决定在全国建立道路交通气象信息交换和发布制度，现就有关要求通知如下：

一、共享道路交通和气象信息资源。气象部门要加强对高速公路、国道、省道、重点旅游线路等沿线天气情况特别是团雾、飘雾以及强降水、降雪、台风等突发性恶劣天气的监测和预警，无偿向公安交通管理部门提供天气预报、气象灾害预警、气候预测、气象统计及专题气象分析等信息。公安交通管理部门要向气象部门通报城市道路和公路卡口监控获取的气象信息、恶劣天气下的交通管理信息和道路交通事故统计信息。

二、建立完善及时交换信息的渠道。各级气象部门和公安交通管理部门要明确专人负责信息交换工作，充分利用网络、传真、电话等多种渠道，及时交换道路交通安全气象等信息。气象部门每日交通天气预报、未来三天或一周天气预报、气象灾害预警和汛期等专题气象分析预测信息应及时提供，月气候预测信息在每月 28 日前提供，汛期气候预测信息应在 4 月 28 日前提供，年度（今年冬季至明年夏季）气候预测信息应在 11 月 28 日前提供。公安交通管理部门通过道路监控获取的气象信息以及恶劣天气下的交通管理信息应实时提供，每月和全年道路交通事故统计信息应分别在下月 10 日、次年 1 月 10 日前提供。

三、加强道路交通安全气象信息的社会服务。各级气象部门和公安交通管理部门要建立道路交通安全气象信息发布制度，通过电视、广播、网络以及手机短信、道路和车载可变显示屏等多种形式，实时发布道路交通安全气象监测预报预警信息、交通管理信息和群众出行安全提示。全国性道路交通灾害性天气预警提示及相关道路交通信息由中国气象局和公安部联合发布。

第6章 交通气象灾害的防御措施与应急管理

6.1 交通气象灾害的防御措施

交通工程位于大气边界层内，气象因素直接影响其规划、设计、建设、运营过程中的各个环节，尤其在全球气候变暖的大背景下，各类极端天气气候事件频发，对交通工程的危害程度越来越大，在这些环节中必须考虑各种不利气象条件对交通工程可能产生的不良影响，坚持“预防为主，防治结合”的原则，采取长远和近期、工程性和非工程性的应对防御措施，以最大限度地减轻气象灾害对工程的危害。

6.1.1 交通工程规划设计过程中的防御措施

交通工程尤其是影响国计民生的重要交通工程的规划设计必须考虑影响工程的各类气象因素。

首先，在工程规划选址过程应该全面了解当地的气候情况，以期交通工程适应气候条件，并充分利用有利气象条件，避免和克服各种不利气象因素，才能获得安全、经济的最佳规划效果。影响交通工程的气象灾害中有些在目前的技术条件下是难以抗御的；有些因采取抗御措施需要投入大量的经费，对这些灾害的防御只能在工程的规划阶段采取避让的方式。如对龙卷风，它的风力特别大，破坏力极强，目前人类尚无法抵抗，因此，在龙卷风多发地带，应尽量减少高耸结构的交通设施。又如有的地方强对流天气发生频繁，有的地方相对少一些，在建设机场等工程时，就要尽量避让强对流天气发生频率高的地方，以避免可能造成的危害。因此，在交通工程的规划选址阶段，就要开展重大工程的气候可行性论证研究，对工程区的各类气象灾害的影响作出恰当的评估。这种评估既要考虑各种气象灾害对交通工程的可能影响，还要从环境保护、防灾减灾的角度考虑工程对气候和环境的影响，提供工程的气候环境条件分析，从而提高工程在选址、施工建设和运营期间的安全性和可靠性。如京九铁路贯穿华北、长江中游及华南地区，暴雨洪涝灾害多发，严重影响着京九铁路的正常运营，在气候可行性论证中，需考虑暴雨洪水的影响以及应当采取的必要措施。青藏铁路沿线冻土退化、年平均地温升高、冻土层减薄等都会影响和威胁路基、桥涵、桥梁地基的稳定性，在全球变暖气候背景下青藏铁路多年变化趋势成为青藏铁路规划建设中气候可行性论证和评估的重要内容。

随着重大交通建设项目的需要和人们对气候与环境问题的认识不断深入，气候可行性论证的内容和深度也在不断拓宽，从单一的大气环境评价、气候参数机制的论证，趋向交通工程与生态环境、气象条件对工程质量、建设、营运的影响，交通工程对局地气候环境影响的综合评估，工程施工、运营中可能出现的气象灾害及其防御措施的论证，从而为交通工程的规划设计提供科学的决策依据。如江苏、广东、浙江等地气象部门与桥梁建设设计部门合作开展的超大跨径桥梁气象专题研究，深入研究桥梁建设中的各种气象问题。青藏铁路建设过程中对高原生态环境的保护给予高度重视，是一条“工程未动，环保先行”的铁路，建设确定的环保目标包括江河水质不受污染、水土流失防护得力、高原植被有效保护、野生动物迁徙自由、铁路沿线景观不受破坏等。在铁路的规划、设计、施工中始终贯彻环保原则，开工之前，国家有关部门对青藏高原的气候、环境、物种和生态进行了专题研究，为铁路建设提供了科学依据。

一旦交通工程的规划方案确定，则进入设计阶段，在这一阶段，对气象灾害的防御主要包括三个方面：一是工程设施本身为适应工程区的气候环境，保证工程使用期的自身安全、车辆运行安全及乘坐交通工具人员舒适性而必须采取的技术手段；二是减小工程建设及运营阶段工程对周边局地气象、生态环境影响而采取的必要措施；三是在施工设计过程需考虑工程施工特殊性及施工阶段可能出现的恶劣气象条件而必须采取的技术措施。这些措施、技术的采用需要依据建设规划阶段气象可行性等研究结果及大量的科学计算、模型实验来实现。

对于设计阶段对气象灾害的防御，我国大量的国家、行业标准、规范对抗御设计、计算方法给出了强制性或推荐性的规定，如《高速公路交通工程及沿线设施设计通用规范》（JTG D80—2006）、《公路隧道交通工程设计规范》（JTG/ T D71—2004）、《公路桥梁抗风设计规范》（JTG/TD60-01—2004）、《港口工程荷载规范》（JTJ 215—98）、《公路自然区划标准》（JTJ 003—86）等，这些规范、标准是在分析大量设计文件、工程报告、营运管理报告以及有关应用科研成果等技术资料，总结我国防御经验，同时又采用或借鉴了国外交通工程的成功经验和先进技术的基础上作出的，基本规范了各类交通气象灾害的防御设计。如《公路桥梁抗风设计规范》不仅给出桥梁及施工阶段设计风速风荷载计算方法和推荐值，也给出了桥梁基频、抗风稳定性、风致振动控制方法，还提出了风洞试验的具体要求，为桥梁的抗风设计提供了标准。

诚然，由于规范、标准的制定往往落后于交通工程的发展，随着我国交通事业的快速发展，大量超大规模的世界级的交通工程进入规划设计阶段或开工建设，这些交通工程由于其重要性和对气象因素的敏感性，对气象灾害的防御要求往往超出了现行规范的范围，面临着许多迫切需要解决的科学问题。如前文提到的斜拉桥索风雨激振问题，青藏铁路面临的沿线生态脆弱问题，大型交通工程对局地环境的长期影响，未来气候变化引发的极端气候事件可能对交通工程的影响等，需要通过气象、交通、工程界科技人员的协作，通过大量的科学研究和试验，在探索实践中不断深入对问题的理解，寻找科学的方法加以解决。可喜的是，我国的科技人员面对这些问题没有止步不前，始终在积极努力，正在逐步形成具有中国特色、具有自主知识产权的新的成果。如同济大学研究人员在风洞中成功地再现了模拟降雨状态下的斜拉索风雨激振现象，建立了斜拉索风雨激振的计算模型，开展带人工水线的三维拉索模型研究，为防御斜拉索风雨激振提供了技术依据；江苏、广东、上海等地气象部门积极与桥梁建设科技人员合作，开展外场试验，获取强风湍流特征参数，为有关标准规范制定提供基础数据。青藏铁路建设中，为了保障可可西里等地的藏羚羊自由迁徙，在沿线专门设置了 33 处野生动物通道；为保护藏北草原，青藏铁路在海拔 4300 m 至 4500 m 高度地段种植和移植草皮获得成功；为了保护 4000 多万平方米的沼泽湿地，首次采用加筋挡土墙技术。

6.1.2 交通工程施工过程中的防御措施

交通工程的建设施工一般是在露天进行，各种恶劣气象条件直接对施工产生不利影响，防御措施采取不当，轻则影响工程质量和工程进度，造成经济上的损失，重则造成破坏性甚至毁灭性的损失，在社会上形成不良影响。这一点对超大型桥梁的建设施工过程尤其突出，因为其多为水上施工，来往船舶多，围堰、大型塔吊、长悬臂等特殊施工工艺对天气条件有着更加苛刻的要求。如作为世界第一大桥的苏通长江公路大桥建设工程区江面宽超过 8 km,最大施工悬臂长达 580 m，施工高度高（水上 300.4 m），深水群桩基础深，规模大（每个主墩分别采用 131 根直径为 2.5～2.8m、长 114～117 m 多的超大规模钻孔灌注桩群和近 5 万 m^3 超大体积承台），工艺要求高（300.4 m 桥塔垂直误差控制在 1/40000），桥位通航密度高（日均通过船只 2700 多艘，高峰时期达 6000 多艘），各种不利天气都会对大桥的不同施工阶段产生影响，有时甚至成为决定的因素。

同时，由于交通工程穿越一些特殊地理地貌区，其中的一些重大工程所处地段完全不同于当地气象站所在地理、地貌条件，使其气象要素的分布特征及局地中小尺度天气与当地气象站所代表地区存在着明显的差异。如镇胜高速公路的控制性工程坝陵河大桥跨越坝陵河峡谷，河谷两岸地势陡峭，地形起伏很大，河谷深达 400～600 m。又如苏通长江公路大桥桥位邻近长江入海口处，地势开阔，东西向呈喇叭口形状，风况复杂，桥位处风大浪急，风期长，江面出现日最大风速超过 10 m/s 的天数每年约达 178 天，而当地气象站却不到 10 天，其差异可见一斑。特殊的局地地理因素，使得工程区浓雾、高低温、强风、强对流天气、强降水等不利气象条件（包括气象要素分布）出现的频次、强度都可能不同于当地气象台站。目前主要根据气象台站观测数据制作的公众常规天气预报在内容上、精度上和时效上都无法满足交通建设工程的特殊需求。因而，为了保障交通工程尤其是在特殊施工环境下的重、特大工程的施工安全，确保施工质量和提高工效，有必要对重点、重大施工项目提供特殊的有针对性的气象保障服务，要针对工程建设不同阶段的需求，制订工程建设的综合气象服务方案，组织有效的服务体系，提供有别于常规公众天气预报的气象服务信息，为工程建设管理部门和施工单位提供决策依据。

交通工程施工过程中的气象灾害的防御主要包括两个方面。首先，准确而有针对性的天气预报预警信息，是交通工程建设有效防御灾害的重要条件，掌握工程区的实际气象环境的动态变化，结合工程不同阶段对各类天气的敏感性，制作有所侧重的未来天气的发展趋势。另一方面，是根据工程区的天气预报、预测和预警及其他气象信息，及时采取科学的应对措施，避免和减轻各类气象因素可能带来的损失。

制作准确而有针对性的天气预报预警信息，必须基于国家、省、市、县四级预报的基础上，充分利用工程规划设计阶段的气候可行性论证的相关成果，全面分析工程区及周边地区的气候背景及主要灾害性天气的时空分布规律，通过在工程区建立必要的现场气象要素观测站点，研究分析工程区气象要素及天气与当地气象的异同。同时须与工程建设管理和施工部门充分沟通，了解工程建设不同阶段、各种工艺对气象条件的敏感性和气象服务的需求，结合气象服务的自身能力，研制长期预测、中期预报、短期及临近预报模式，确定监测、预警的指标，为工程建设提供内容丰富、形式多样的预报预警产品。

如江苏气象部门在多座长江大桥建设气象保障中，在桥位两岸及桥面、水面主塔建立立体的现场气象观测站点，根据实际需要确定不同站点的观测要素，并辅以多普勒雷达的加密观测，一方面为工程建设管理和施工部门提供动态的现场观测数据，同时为工程的后继进程提供了必要的基础信息。在全面气象调查的基础上，给出了桥位区域主要气象灾害的时空分布及主要气象要素的特征值，为施工的长期计划安排提供依据，从宏观上降低了气象灾害的风险；根据大桥施工各阶段主要敏感因素是6级以上大风、大雨、浓雾，油漆铺装阶段关注湿度、气温，围堰施工阶段关注水位的变化，而对于降雨关注的是5 mm以上的降雨等，研制了工程区的大风、浓雾、湿度、按工程实际划分降雨量等级的预报模型以及通俗易懂的气象预报预测产品，制订了符合工程实际的预报预警指标，并根据施工不同阶段的需求特点，不断调整预报的侧重点。为了提高预报的准确性，改变常规的每日4次的预报流程，开展连续的跟踪滚动预报，减少了因预报时效长可能造成的不准确。

准确的监测和预报预警信息，必须通过有效的传输手段及时传输到有关部门和有关人员的手中，因此，在交通工程的气象保障服务中，建立畅通的信息传输系统是开展气象服务的关键环节。交通工程气象监测与预报预警信息传输系统需要实现监测、预报预警和其他相关信息的共享，实现各类信息输入、分发、存储、查询、统计、调用、报表、打印、监管、安全防范等功能，传输手段既要考虑气象信息传输数据总量多、单点数据量少的特点，又要考虑能够克服施工区复杂电磁环境干扰及软硬件和长期运行的稳定性和经济性。江苏气象部门在必选多种数据传输手段的基础上，采用GPRS与Internet网络相结合的数据传输方式，建立相互协调的软硬件系统，实现桥梁建设工程区气象环境监测、预报预警信息的有效传输，取代了过去靠电话、传真等人工传送手段，满足了建设部门随时随地动态掌握工程区及周边地区过去、当前气象环境及未来一段时间内可能出现的天气状况。图6.1为桥梁工程区的数据信息采集及信息传送网络结构图。

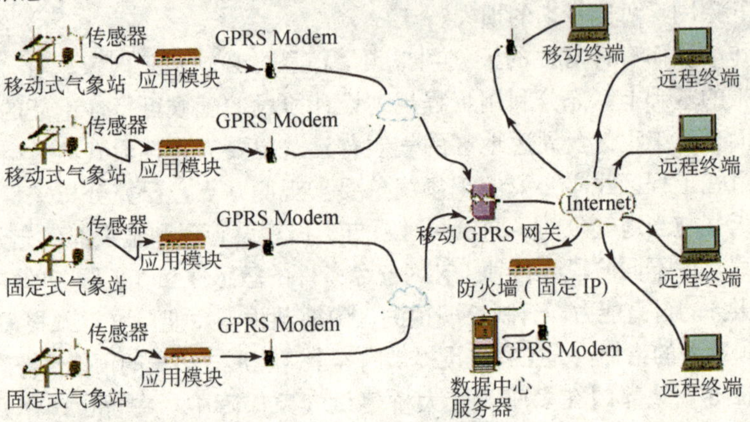

图6.1　基于GPRS的远程气象数据采集及数据传送网络结构图

交通工程气象灾害的防御仅有准确的工程区气象监测预警信息是不够的，更为关键的是根据气象部门提供的各种气象信息，科学、合理地采取各种相应的防御措施，这就需要工程建设部门全面掌握工程区的气候背景状况、各施工时段可能遇到的恶劣气象状况，根据气象灾害的影响程度，编制有效的气象灾害常规防御和应急预案，明确各部门的职责和各灾种的应对措施与处置程序，通过应急预案的动态管理和演练，促进各单位的协调配合和职责落实。通过对相关人员相关知识和技能的培训，及时更新和补充技术装备，增强应对气象灾害的能力。如在江苏境内的长江大桥的建设中，在中长期施工计划安排中充分考虑当地气候背景条件，将超长悬臂施工安排在非台风季节和大风天气相对较少的时段；将水面围堰施工安排在长江水位相对较低的非汛期，降低围堰加高带来的建设成本增加，避免高水位水深流急带来的施工困难；在大风天气来临时，提前加固设备、撤离施工船只和人员。苏通长江公路大桥建设部门与气象部门合作，针对工程区恶劣的气象条件，建立了各灾种的防御应急预案并开展应急演练，确保了施工安全。如台风应急预案中，根据施工实际，按照台风风力和影响时间将施工防台等级分为三级，即：

三级防台：气象部门发布台风消息，风暴 24 小时到达辖区，风力增至5～6级时；

二级防台：气象部门发布台风警报，风暴 24 小时到达辖区，风力增至6～7级时；

一级防台：气象部门发布台风警报，风暴 12 小时到达辖区，风力增至7～8级时；

根据防台等级，预案确定了指挥部、海事、监理人员、施工人员的各自职责，在台风来临时，各建设部门根据气象预警系统进入相应防台等级，陆上、水上施工各工序、区段采取相应措施。如对于在桥位施工的船只，要求各单位根据台风、船舶特点和工程作业情况，合理选择锚地，并规定了详细的撤离流程、次序以及应急期间轮机、电台等部门的工作任务、操作工序。预案详细规定了在台风期间发生险情时，如何协同应急的具体措施和制度，以及在气象灾害后的总结所包含的内容等。

这些工程区气象灾害的有效防御措施和方案，有力地保障了施工的安全和工效，如 2004 年 8 月“云娜”台风在浙江温岭登陆西行，桥位区出现 8 级以上东北大风，周边的太湖、常熟港附近出现多起翻船、沉船及房屋倒塌事故，但苏通大桥工程区根据准确的预报信息，按照防御方案和应急预案，及时采取措施，未发生任何事故。

6.2 突发交通气象灾害的应急管理

作为交通气象安全管理的有效手段，预报、预警与应急管理是紧密关联的，也是交通气象安全管理系统中的关键。预警预报是应急的基础。

许多国家都非常重视道路交通气象服务和应急措施。1992 年成立的国际道路天气常设委员会（SIRWEC）致力于降低和减少气象条件对交通的不良影响。目前已有澳大利亚、比利时等 30 多个国家加入该组织，合作研制出道路天气信息系统，记录道路天气状况，尽早预报影响交通的恶劣天气状况，减少意外事故确保安全。

美国交通部联邦公路管理局在 2003 年 5 月就开始“道路气象管理系统”的研究，内容包括不利气象状况对公路的主要影响、针对不利气象状况的决策支持系统、反应措施以及交通管理和紧急事件管理等。

我国在公路交通气象灾害方面已经建立了较完整的集快速响应、科学决策、联动指挥和及时处理能力于一体、功能较完善的公路交通应急预案；交通部、中国气象局也已签订了《关于共同做好海上搜救气象服务的协议》；江苏省交通部门已构建了内河交通公共突发事件应急预案；沪宁高速公路早在 20 世纪末已设计了恶劣天气条件下高速公路应急管理流程等。

6.2.1 突发交通气象灾害应急预案及部门职责

（1）不利气象条件下公路交通应急预案基本要素

表 6.1 不利气象条件下公路交通应急预案基本要素

基本要素		主要内容
主要项目	次项目	
应急指挥系统	应急指挥中心	应急中心的启动、管理
	应急指挥管理	应急指挥人员组成、责任
	应急指挥方法	各应急指挥方法相互联系
事故情报体系	监测体系	恶劣天气监测、交通事故监测
	应急评估	报告的事项、速报的式样，应急评估
	情报收集与传递	情报的收集手段方法、传递
	情报信息共享	公众情报信息的保护与管理
救援抢险体系	媒体、报道机构合作	情报的公开、与媒体的合作方法
	受伤人员的救助与搜索	搜索专业救援队伍
	道路公共设施应急措施	道路公共设施的抢修
医疗急救体系	特殊物品救援	危险品的处理
	医疗救护体制	医疗机构的制定，应急医护人员的组成
交通管理体系	道路情报网络系统	道路情报网络体系的建立与管理
	伤员紧急输送	伤员的搬运
	道路交通管制	受灾路段交通管制与管理

（2）公路交通气象安全应急管理流程

流程可分为：接警、警情判断响应、级别确定、报警、应急启动、救援行动、扩大应急、应急恢复和应急结束等过程（见图 6.2）。

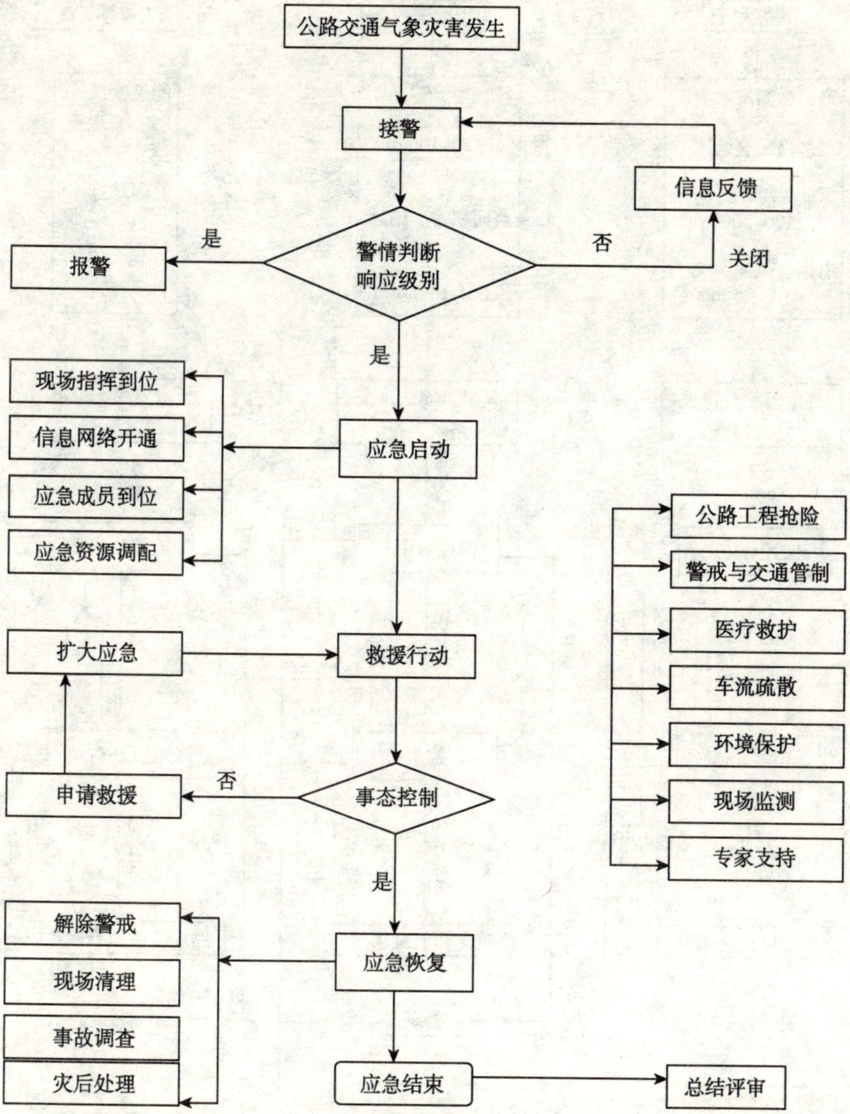

图 6.2　公路交通气象安全应急管理流程图

以江苏省沪宁高速公路交管部门构建的应急预案为例。沪宁高速公路管理指挥中心在气象灾害影响公路交通安全运营时设计了预防浓雾、雨雪、强风、路面积雪、结冰、台风等各种天气灾害危害程度等级的应急措施，见图 6.3。

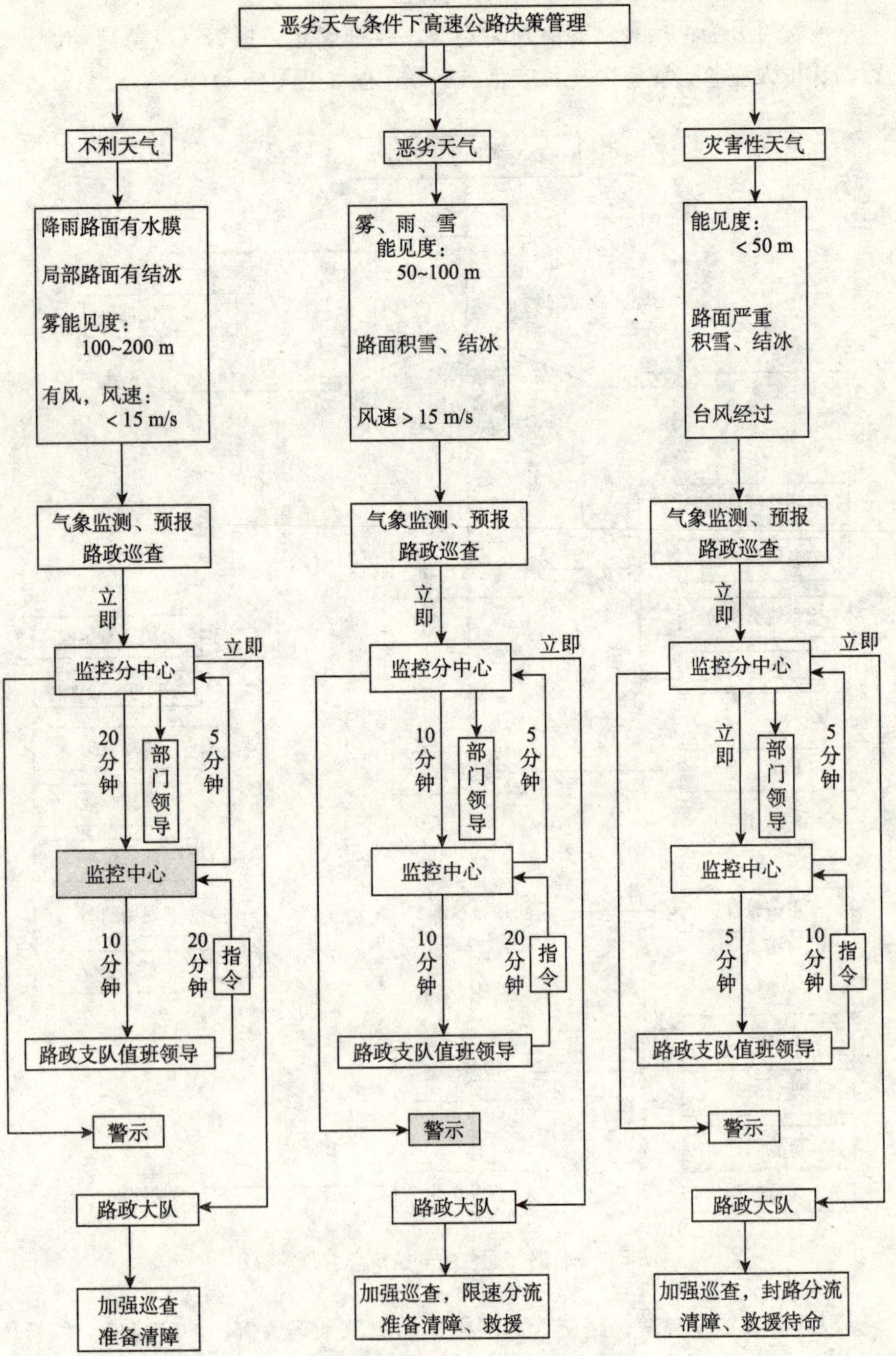

图 6.3　高速公路监控中心应急流程图

又如南京市公安交管部门制订的“恶劣天气交通安全管理工作预案”：

当恶劣天气出现时，交管部门将在确保安全的前提下，对高速公路以及城区的高架桥、快速通道实行相应的管制措施，原则上不封路，尽力避免交通事故和拥堵情况的发生，最大限度地减轻恶劣天气对道路交通造成的影响。

根据天气情况，管制措施分为几种情况：

一是能见度在 30 m 以下或路（桥）面路段结冰，不能保障车辆安全通行时，禁止各类车辆驶入，已驶入的车辆须开启雾灯、近光灯、示廓灯、前后位灯及危险报警闪光灯，并以不超过 20 km/h 的速度就近驶离高速公路或进入服务区休息。

二是能见度在 30 m 以上 50 m 以下或路（桥）面部分路段结冰，不能保障车辆安全通行时，限速 40 km/h。禁止危险品运输车辆、“三超”车辆、大型客货车辆和后尾灯不亮的小型车辆驶入。

三是能见度在 50 m 以上 100 m 以下或坡道、弯道等路（桥）面有积雪尚未结冰时，限速 60 km/h。禁止危险品运输车辆、“三超”车辆、重载大型货车驶入。

四是能见度在 100 m 以上 200 m 以下时，限速 80 km/h。

采取交通管制措施时，交管部门将在管制道路的各个入口处设置相应的标志牌、反光板等，并增派警力加强管理疏导，在管制路段上增派巡逻警车。

6.2.2 气象部门应急服务的明星——气象应急指挥车

气象应急指挥车是一个集气象信息监测、接收、通信传输和重大灾害性天气预警预报发布的移动气象台。它灵活方便，可以随时开赴出现重大气象灾害或将出现重大气象灾害的地段现场。它既可以在灾害现场接收来自各方面的最新气象信息，也能实时监测灾害现场的有关气象资料，并能与省市气象监测中心保持信息畅通与信息交互，及时有效地掌握发生气象灾害地段（地点）的第一手气象资料，在突发性、灾害性天气的监测、预报、预警等方面作出现场决策，与有关方面联合采取针对性的应急措施。

中国气象报 2007 年 3 月 24 日有题为：“气象新成员——气象应急指挥车”的一篇报道，记者介绍了“气象应急指挥车”的构成、先进技术装备和特殊的功能。

气象应急指挥车可以每 5 分钟接收一次雷达图，每 1 小时接收一次卫星云图，可以在车里探测到车外的基本气象要素、可以与后方气象台实时会商……发生灾害性天气时，应急指挥车能在第一时间开赴现场，既是灾害现场的探测平台，也可以充当灾害现场的指挥平台。气象应急指挥车可直接开到发生气象灾情的现场，安装在车顶的摄像头可以 24 小时不间断监测天气情况与灾情，供后方领导决策。并可以由装有车载雷达的小型协同车继续深入，或直接派出气象科技工作者携带观测仪器深入灾害现场，采集第一手资料与数据，为防灾减灾服务。

6.3 发展中的交通气象

交通运输作为国民经济的基础行业，承担着人们的出行和货物的流通。随着社会经济的发展，交通运输的需求将进一步增长，未来20年，交通运输需求总量将增加1.5～2倍。到2020年，全国铁路网规模将达到10万km，其中客运专线约1万km；公路里程达到400万km，其中高速公路约8万km；全国沿海港口中级以上泊位达2800个左右，其中深水泊位1500个，沿海港口货物吞吐能力达到40亿～45亿吨；预期2010年航空运输总周转量达到500亿吨千米，旅客运输量达到2.7亿人，货邮运输量达到570万吨，后10年仍将保持11%左右的年均增长速度；实现各区域间的通畅，连接区域经济中心、重要工业基地和众多的大中型城市，并与多个地区交通网相连接，京沪、京广、京哈、沿长江、沿海、陆桥、西部出海等全国性交通大通道正在构建，交通运输管理正在向智能化发展，现代交通事业的快速发展将进一步促进经济社会的发展，提高人们的生活质量。

作为在大气边界层内开展的各项交通活动，包括交通基础设施的规划、建设以及建成后的营运，无不受到各种天气气候条件的影响和制约。同时，交通活动也对大气气候环境产生影响，这种影响是潜在的、长期的、累积的、难以逆转的。在全球气候变暖的背景下，大量事实表明，交通系统面临着严重的气象环境威胁，不良天气增加了交通安全风险和经济成本，也影响着所有交通运输系统的运营效率，现代交通对交通气象工作提出了更高、更迫切的需求。人们从来没有像今天这样关注人类活动对气候、环境的影响，人们的出行也从来没有像今天这样关注天气的变化，他们不仅关注当地的天气，也关注沿途的天气，甚至关注天气状况乃至某一气象要素变化的范围和影响程度。交通建设、运营对气象信息的需求变得越来越广泛、越来越精细，他们需要更高时空分辨率的气象信息，并要求天气预报更加准确，尤其是较长时间尺度的预报（从12小时至数天）。如何更好地满足交通发展对气象信息日益增长的需求，是交通气象始终面临的课题。

我们看到，我国交通气象发展过程中仍然存在着诸多的问题。交通基础设施建设、运营管理以及灾害评估、灾害应急等方面对交通气象信息产品的时空尺度几乎没有明确定义，也没有定义影响交通的天气和相关要素的具体界线或阈值；人们习惯于密切地关注气象灾害对交通运输的影响，而较少关注大型交通设施及运营对气候环境及生态的影响，或缺少更加客观的评估技术，对其相互作用的机理缺乏深入的研究；交通气象信息的生成、获取、传递和应用方法标准缺乏，阻碍了信息的传播、共享和应用；监测资料和预报信息的不规范，缺乏针对性，削弱了气象信息对交通运输相关决策过程的价值；除航空外，专门针对交通气象灾害防御而建设的交通沿线、场站气象监测系统极不完善，仅少数公路、江河、铁路沿线布设了气象环境监测系统，无法对交通沿线的气象灾害实施实时监测，监测资料的缺乏影响了沿线气象预报的准确率，使气象信息缺乏针对性；现有的公路和铁路状况预报技术一般仍处于常规预报阶段，对复杂地形下的局地天气预报准确率不高，影响了用户对气象产品应用的信心；交通、气象、规划、建筑等相关部门间的协作仍不紧密，对交通气象信息的具体需求把握不够或不明确；相关的法律法规制度还不健全，影响着各项防御措施的有效落实。以上问题的存在，影响着交通气象的发展，影响着交通气象灾害的有效防御。

我们无法控制天气对交通的影响，但能通过气象信息的有效利用，合理规划、设计交通基础设施，采取必要的措施规避和减轻气象灾害的危害，通过交通沿线气象环境的监测、预警预报，为交通管理、人们的出行提供相关的信息，帮助他们减轻或避免不利天气带来的负面影响。可喜的是，气象科学与环境科学以及计算机与数字通信技术的进步，为交通气象的发展提供了强有力的技术支撑，这些技术的应用已经并将继续促进交通气象灾害监测、预警预报和评估水平的提升。目前，交通、公安、海事、规划设计、气象等部门已经开始加强合作，促进相关学科的融合，增进对诸多领域的了解，共同研究交通与气象环境相互作用的机理，建立高分辨率的交通气象监测和现代化的数据收集、分发、共享系统，研发先进的中小尺度数值运算模式和预报预测、评估技术，完善交通气象信息传播系统。交通气象相关技术的研发和成果的应用将帮助交通部门减少与气象相关的费用，给公众提供更多、更准确的实时气象信息，减少气象因素引发的事故。

相信，随着气象监测和预报时空尺度分辨率的增加、气象灾害评估技术和预报准确率的提高及信息传播和应用能力的增强，许多当前无法满足的交通气象信息需求能够在不远的将来逐步得到满足，气象信息必将成为未来交通运输系统的一个重要部分，成为交通系统所需的最基本、最安全且经济效益很显著的信息。这些信息的有效利用，将对国家安全、避免和减少经济损失、提高交通运输效益、保障人民生命财产安全等方面带来更多实质性的好处。在此过程中，交通气象工作面临着来自技术、管理、标准、法规等诸多方面的机遇和挑战，交通气象工作者任重道远。

附　录　交通气象灾害百例

公路交通

1.1997年7月12日，京津塘高速公路北京路段浓雾，能见度只有几米，连续发生两起40余辆汽车追尾相撞事故，9人死亡，34人受伤。

2.1997年12月24日，京福高速公路天津段，因雾笼罩，能见度极差，70多辆车相撞，多人伤亡。

3.2001年4月10日，岳阳洞庭湖大桥，8级大风连续20多个小时影响，出现“风振”现象，上百根碗口粗的钢丝拉索上下大幅度晃动，整个桥身颤抖，靠近拉索的路灯被打碎。

4.2002年7月28日，一辆从九寨沟前往黄龙满载游客的大客车，行至九寨沟弓杠岭时突遇冰雹，导致车轮打滑，车从左侧翻倒，强大的冲击力又将车反弹起来栽向右侧，掉入路旁1 m高的坎下，导致6名游客重伤。

5.2003年11月30日，合肥至安庆的高速公路，时值浓雾，能见度极低，在距离合肥20 km处3 km范围内，至少发生10多起交通事故，几十辆车相撞。造成6人重伤，多人轻伤，路面受阻车辆长达5 km。

6.2004年7月6日台风“蒲公英”带来的豪雨灾情重创台湾岛内山区的交通，全岛123处公路塌方、路基流失及封桥，其中高雄县的六龟大桥严重下陷25 cm。

7.2005年8月12日，辽宁部分地区遭受强降水袭击，公路交通遭遇10年来最严重的水毁。全省共有53条公路发生水毁，其中11条国省级干线(包括沈抚高速公路)、42条县级公路被洪水冲断。黑大线清原至南杂木段的一座桥梁、6处桥头引道和9处路基被冲毁；铁长线南杂木大桥被洪水冲塌四孔，并有车辆和人员落水情况发生。

8.2005年9月4日6时30分，一场团雾致使京沈高速公路发生一起重大车辆追尾事故，近百辆车追尾相撞，34 辆受损，5 人死亡。

9.2006 年 3 月 28 日，京珠高速公路湖南段，浓雾天气引发多起重大追尾事故，先后有 50 多辆车追尾相撞受损，造成 2 人死亡，31 人受伤。

10.2006 年 4 月 5 日 7 时 20 分左右，京珠高速（610—619 km 处）河南新乡段突起浓雾，不到 1 个小时发生近 200 辆车连环相撞事故，造成该段京珠高速公路向南行驶方向一度封闭，追尾车辆毁坏较重的有 130 余辆，绵延 30 多千米。车祸至少造成了 4 人死亡，38 人受伤。

11.2006 年 6 月 4 日，福建省中北部地区持续强降雨引发地质灾害，205、316 国道水毁情况严重，316 国道南平境内全线瘫痪，建瓯、建阳两市通往南平和相邻县（市、区）的公路全部阻断，两市成为“孤岛”。

12.2006 年 10 月 3 日，韩国西海岸高速公路，浓雾笼罩，长达 7.3 km 的西海大桥上能见度仅为 100 m，30 余辆汽车发生追尾，造成至少 11 人死亡，50 多人受伤。事故中，一辆油罐车发生爆炸，烧毁了 20 多辆汽车，8 人当场死亡。

13.2006 年 11 月 2 日早晨，镇江沿江公路突发浓雾，发生重大车祸，一辆散装水泥槽罐车发生事故后槽罐脱落，另一辆运输危险化学品的槽罐车追尾上来，使车内一男子被卡身亡。

14.2006 年 11 月 2 日上午 9 时 40 左右，汾灌高速 76 km 海州段，烟雾蒙蒙，不时飘起大片团雾，能见度很低，23 辆车追尾相撞，9 辆车报废，2 人死亡。

15.2006 年 11 月 2 日早晨，宁通高速公路横梁段突发团雾，30 余辆车连环追尾，2 人死亡，多人受伤。

16.2006 年 11 月 30 日，京沪高速山东段浓雾紧锁，连续发生 15 起追尾，其中一起事故 14 辆轿、货车连环相撞，交通中断 5 个多小时。

17.2007 年 1 月 24 日清晨，宁靖盐高速公路泰州兴泰段，突如其来的巨大“团雾”致 8 辆车发生严重追尾、翻车，7 人死亡，5 人受伤。

18.2007 年 3 月 3 日夜间至 5 日，辽宁出现罕见的大风雪，境内 11 条高速公路几乎全部封闭，城际客运全部暂停，京沈高速公路入口处滞留长达数千米的车辆。

19.2007 年 8 月 12 日，受台风“帕布”的影响，湛江雷州多处交通设施受毁，2 条国省道交通中断，6 条县道完全中断，国省道被毁路基 11 km，被毁路面 16 km，被毁桥梁 3 座共 83 m。

20.2007 年 8 月 12 日晚，312 国道吐鲁番三十里风区遭受平均 10 级大风袭击，300 多辆车、1500 多人被迫滞留风区，部分车辆玻璃被大风吹起碎石击碎。

航运交通

1.1999年12月31日16时30分，“江汉21号”客轮由南京港驶往上海，因江面浓雾“咫尺难辨”，与一货轮相撞，1人死亡，2人受伤，3人失踪。

2.2003年10月12—14日，太湖，8级大风，28艘船遇险，17艘船沉没，2人失踪。

3.2004年5月8日，湛江籍“新南丰”号运煤船从广西北海向恩平港航行，在阳江闸坡附近海域受雷雨和大风影响翻沉。

4.2004年8月20日，雾锁香江，清晨，灯龙洲、马湾、青洲及屯门等四处海面先后连续发生四宗撞船事故，晚上，一艘船只在西贡海面翻沉，船上9人堕海，其中1人死亡。

5.2004年10月11日，刚果，连续大风天气造成两起沉船事故，第一艘沉船事件导致船上23名乘客死亡，另有50人下落不明；另一起沉船事件导致27名乘客死亡。

6.2005年6月18日晚11时起，桂林市区及周边各县普降暴雨，市区降雨量达146 mm，至19日上午8时30分，漓江最高水位突破146.08 m，超过了146 m的危险水位，致使漓江全线封航。

7.2005年6月22日，四川省合江县“榕建号”客船因严重超载、冒雾航行和违章操作而倾覆长江，130人死亡，酿成震惊全国的“6·22”重大事故。

8.2005年8月17日，渤海海域突起十级大风，正在海湾中行驶的两艘货轮相继翻沉，34名船员全部获救，其中1名船员受重伤。

9.2005年10月8日凌晨，在长江铜陵土桥水道老洲头水域，江面大雾弥漫，能见度只有700 m，一起客货轮相撞事故致3人死亡，19人受伤。

10.2005年11月13—14日，东海海域受大风天气影响，6艘船舶接连遇险。经交通部救助打捞系统全力搜救，共执行了6起救助任务，成功救助遇险人员53人。

11.2006年11月9—11日，南通市沿江地区，因浓雾通沙、通常汽渡先后停航。通沙汽渡累计停航时间24小时30分钟，通常汽渡累计停航时间23小时40分。

12.2006年11月10日，哈尔滨市松花江因遇冰排突袭和江面结冰，相继有4艘船被困在苏家屯一带的江面上，后经航运部门的接连爆破援助，被困船只安全驶离江面。

13.2006年11月20日，扬州及高邮、仪征地区出现能见度为小于50 m的强浓雾，轮渡封闭或者停航。

14.2006年12月13—14日，西沙群岛受台风“尤特”正面袭击，1艘渔船沉没，船上16人获救，1人失踪，5艘渔船搁浅。

15.2007年3月11日，广州珠江口莲花山西航道，浓雾，江面能见度只有100 m左右。“协航528”千吨级货船被2万多吨的出口货船“安平6”撞沉，船上8人落水及时获救，事件造成珠江航道阻塞。

16.2007年3月13日，长江下游718 km处，江面有雾，重庆太平洋集装箱船务有限公司所属“太平洋12”上行至马南1号白浮下700 m，横距北岸80 m水域，与一艘下行黄沙船“利民188”发生碰撞，导致黄沙船当即沉没，船上4名船员落水，1人被救起，3人下落不明。

17.2007年5月26日下午3时30分，海南省松涛水库库区番加洋水域（儋州市辖区内），一艘运载木材的自用机船从南丰茶场驶往龙尾码头途中突遇雷雨大风天气，机船沉没，船上6人全部落入水中，其中3人自救生还，3人失踪。

18.2007年5月27日凌晨5时，三亚西岛海域一艘运载水泥、沙子等建筑材料的自用机船突然遭遇雷雨大风，致使机船沉没，船上6人全部落入水中，其中2人死亡，1人失踪。

19.2007年6月15日，“南桂机035”号运沙船满载从高明驶往顺德，浓雾弥漫，在距九江大桥500 m处时，能见度只有70 m左右，误将附近施工船的灯光看成导航灯，触碰325国道九江大桥非通航孔的桥墩，造成九江大桥部分桥面坍塌，车辆坠江，人员伤亡。

20.2007年7月15日下午，越南广南省三圻市的富宁湖水库突遇大风，一游船倾覆，船上人员全部落水，6人不幸遇难。

铁路交通

1.1959—1962年期间，包兰铁路西段兰州东的桥涵，因水害中断行车74次，共计435小时，损失惨重。

2.1998年6月30日京九铁路因暴雨冲毁路基造成行车中断，给旅客和货物运输造成严重影响。

3.2004年2月20日，K322次列车途中撞死一行人，列车停车后两名乘务员一同下车处理，因为天降浓雾能见度太低，他们沿邻线寻找死者，此时邻线开来的1453次列车将两人当场撞死。

4.2004年6月16日清晨6点，由印度西部城市孟买开往厄纳库拉姆的特快列车由于大雨造成路基损坏，8节车厢和火车头冲出轨道，至少造成25人死亡，50多人受伤。

5.2005年1月7日，意大利一列从北部维罗纳开往中部博洛尼亚的旅客列车与一列货运火车相撞，造成至少14人死亡，另有40多人受伤。事发时，出事地点笼罩着浓雾，能见度仅50 m左右。

6.2005年6月24日，受连日暴雨影响，福州境内的三条铁路线路都发生塌方事故，进出福州火车站的16对列车全部停运。

7.2005年7月5日受四川万源地区洪水影响，一段铁路被山洪淹没。K333、2024、2336、8628和T9次等7趟列车因此受堵，晚点约7小时，大约5000名抵渝旅客因此受影响。

8.2005年10月29日凌晨，印度南部安得拉邦首府海德拉巴以南30 km处一座桥上的铁轨被连续3日的暴雨和洪水冲走，导致一列客运列车脱轨，造成惨重人员伤亡，死亡人数超过109人。

9.2006年1月13日，俄罗斯克拉斯诺达尔边疆区一列旅客列车和一辆小型巴士相撞，至少造成22人死亡，5人重伤。事故发生时有浓雾，能见度低。

10.2006年4月10日，包头地区受沙尘暴袭击，由于能见度较低，火车在有效制动距离内无法看清前方目标，铁路沿线两位老人被撞致死。

11.2006年4月15日，T70次列车驶至新疆东部小草湖至红层之间时遭遇12级大风，沙尘暴把列车袭击得面目全非。

12.2006年7月3日，陇海铁路巩义东至穆沟627 km+150 m处，暴雨导致线路塌坑，陇海铁路上下行铁路线全部中断，陇海线上行线被迫中断长达8个小时，10多趟列车受阻。

13.2007年2月28日，乌鲁木齐开往阿克苏的5807次旅客列车行至南疆线珍珠泉至红山渠间42 km+300 m处，大风造成机车后第9至第19位车厢脱轨侧翻，致3名旅客死亡，2名旅客重伤，32名旅客轻伤，南疆线被迫中断行车。

14.2007年3月3—5日，辽宁省大部分地区出现自1951年有完整气象记录以来最严重的暴雪和大风天气，最大降雪量78 mm，最大积雪深度44 cm。受此影响，全省各地道路积雪结冰现象严重，暴雪使能见度降低，铁路中断运行，西部地区魏塔铁路沿线积雪深度达1.3～1.4 m，魏塔铁路中断行车3个小时。

15.2007年5月19日，受5月18日夜间至5月19日大风天气的影响，库尔勒发往西安的1068次列车和库尔勒发往乌鲁木齐的5814次列车被迫停运。库尔勒火车站滞留了近千名旅客。

16.2007年7月7日晚，一场暴雨突袭沈阳铁路局长图线蛟河市白石山镇，降水量 104.5 mm，沈阳铁路局长图线蛟河市白石山镇柳树河村前柳屯段共计 20 处铁轨、路基被冲毁，铁轨悬空近 2 m，火车滞留 10 小时。

17.2007 年 7 月底 8 月初，川黔铁路的盘脚营、息烽、阳朗、新萝村、高坝、扎佐铁路沿线，因遭受强暴雨袭击，10 余处发生不同程度边坡垮塌的险情，川黔铁路 379 km+360 m 至 410 m 段铁路右侧的路基发生垮塌，路肩下沉近 3 m。

18.2007 年 8 月 2 日，强雷电天气损坏了沪宁线上行北京的电网连接线，导致 D428 次动车组在苏州站熄火，空调系统无法使用，火车成为“闷罐车”，晚点近 2 个小时。

19.2007 年 8 月 6 日，持续暴雨造成铁路交通大动脉宝成线江油市境内斑竹园至罗妙真区间塌方、隧道透水，泥石流直接冲上铁路路基，列车不能正常运行，宝成线中断 10 余小时。

20.2007 年 8 月 8—12 日，受热带风暴“帕布”和“蝴蝶”的双重影响，粤海铁路湛海线雷州至龙门、龙门至徐闻区间持续暴雨，导致铁路线路共有 15 处发生险情，其中湛海线多个区间封锁，线路中断。受其影响，经由此处的多趟列车迂回、折返运行。

航空交通

1.1977 年 3 月 27 日，在特那里夫岛上的洛斯洛德斯机场跑道上，两架波音 747 客机因浓雾天气发生相撞，造成旅客和机组人员死亡 583 人，仅 61 人幸免于难。

2.1980 年 11 月 19 日，一架波音 747-2B5B 客机（机身编号 HL7445）从美国阿拉斯加州安克雷奇市飞往韩国汉城（现改称首尔）。在降落过程中，由于能见度低，飞机撞上机场边的拦水坝后坠落在 14 号跑道，机身严重解体并引发大火，造成 1 名地面人员、6 名机组成员和 8 名乘客遇难。

3.1988 年 8 月 31 日，中国民航 CA301 航班由广州飞往香港，在大暴雨中向香港机场进近中偏离跑道中心线，落地前右机翼外侧与引导灯柱相撞，滑跑中右起落架完全折断，飞机最终滑入海湾中，飞机从前三排处折成两截，机头沉入水中，机尾仍留在机场护堤上，驾驶舱内机组 6 人、旅客 1 人共 7 人遇难。

4.1993 年 10 月 26 日，中国东方航空一架 MD82 客机在暴雨和大风天气情况下，在福州机场冲出跑道，降落在跑道外 400 m 处的小水塘处，飞机折为三段，旅客 2 人遇难。

5.2000 年 6 月 22 日，武汉航空 一架客机在向武汉王家墩机场进近时遇雷雨区，飞机因遭遇雷击、风切变失控坠地。全部机组人员、旅客及地面 7 人共 51 人遇难。

6.2002 年 4 月 15 日，中国国际航空一架客机在韩国釜山着陆时，因天气恶劣，飞机突然撞山，机组 8 人、旅客 120 人共 128 人遇难。

7.2002 年 5 月 7 日，埃及航空公司一架从埃及首都开罗飞往突尼斯的波音 737 客机，因云雨、大风和低能见度在突尼斯首都附近山区坠毁，机上 62 人中至少有 18 人死亡。

8.2003 年 8 月，一架从日内瓦某机场起飞不久驶往英国的波音 737 客机，在瑞士日内瓦上空遭遇网球大小的冰雹袭击，飞机被打得体无完肤，机身出现多道裂缝，机上一些乘客也在机身剧烈的摇晃中被撞得鼻青脸肿。

9.2004 年 12 月 2 日，印尼一架飞机起飞后遭遇大雨和雷电等恶劣天气，在梭罗机场降落时失去控制滑出跑道，撞毁机场的栏杆和护网冲入 100 码以外的公墓，飞机撞成两截，死伤 106 人。

10.2005 年 2 月 3 日，阿富汗卡姆航空公司的一架波音 737-200 客机在从西部城市赫拉特飞往喀布尔时遭遇恶劣天气，飞机在喀布尔市郊撞上一座雪山后坠毁，机上 96 名乘客和 8 名机组成员全部遇难。

11.2005 年 8 月 2 日法国一架空中客车 A340 型客机在加拿大多伦多降落时遭遇雷雨袭击，致使飞机滑出跑道，机身断裂并燃起大火，所幸 309 名乘客和机组人员安全逃生，只有 24 人受轻伤。

12.2005 年 8 月 13 日上午，北京出现雨雾天气，进出首都机场的一百多架次航班出现延误，30 多架次本该在首都机场降落的航班不得不备降周边城市。

13.2006 年 1 月 19 日，因天气恶劣、能见度差，一架美国小型飞机在哥斯达黎加境内坠毁，机上共两人均遇难。

14.2006 年 4 月 29 日，风暴夹杂着冰雹袭击了美国南部得克萨斯州部分地区，最高时速 160 km 的大风和棒球大小的冰雹破坏了多幢楼房和 15 架飞机。

15.2006 年 5 月 4 日，因能见度低和大雨恶劣天气，一架亚美尼亚客机在俄罗斯黑海沿岸坠毁，机上 113 人全部遇难。

16.2006 年 6 月 9 日下午，韩国韩亚航空公司 894 次航班客机在 300 m 空中遭遇雷电和冰雹袭击，驾驶舱前窗被砸破，机鼻被击毁断落，喷气引擎保护盖被砸出一个大洞，200 多名乘客经历一场生死梦魇。

17.2006 年 10 月 12 日，美国纽约市天气阴雨绵绵，能见度很差，一架四人座单引擎小飞机在纽约市曼哈顿上东城冲撞大楼失事，导致 2 人死亡。

18. 2006 年 10 月 29 日，尼日利亚一架波音 727 飞机在起飞后不久遭遇狂风坠落，机上乘客 100 多人遇难。

19. 2007 年 1 月 9 号，一架载有 35 人的土耳其客机在恶劣天气中坠毁于伊拉克首都巴格达北部，造成 34 人死亡，一名幸存者重伤。

20. 2007 年 3 月 4 日，我国东北地区连续十多小时出现大到暴雪天气，长春、沈阳、大连等地机场由于降雪过大、能见度太差、跑道湿滑陆续关闭，全国各地进出上述机场的数百航班因此被延误或取消，旅客出行受阻。

城市与管道交通

1. 1994 年 10 月，美国休斯敦附近的圣加辛托河发生洪水，毁坏了许多运输管道，其中 8 条管道爆裂，燃烧的石油溢入河流，500 多人被烧伤。

2. 1998 年 7 月中旬的一天，一场暴雨使武汉市区铁路沿线几个地道桥涵洞积满雨水，东西交通中断。东风地道桥涵洞积水深达 4 m，致使一辆装有大宗化学药品的外地牌照拖挂车和几辆运输车被困在水中。

3. 2003 年 8 月 25 日，上海一辆从张江高科站开出的地铁列车在龙阳路站附近的地面段被雷电击中，列车机车的逆变器遭到雷电冲击波影响损坏，列车无法开动，导致轨道二号线局部停运 20 分钟。

4. 2004 年 4 月 1 日，广州连降暴雨，使地铁三号线沥胺站地下砂层含水量增大，施工现场突然出现塌方，坍塌范围直径约 30 m，深约 18 m，面积 300 多 m^2。

5. 2004 年 6 月 25 日一场暴雨过后，南京中央门小石桥涵洞再一次漫起了齐腰深的污水，二三十米长的涵洞里“一片汪洋”，致使交通一度中断，行人无法通行，多名行人掉入一米多深的污水中。

6. 2004 年 7 月 10 日，北京特大暴雨，使城区内大部分道路积水，长安街、南四环、体育馆西路、石景山等地因大量车辆熄火造成严重交通拥堵，月坛南桥、北桥红绿灯失灵，不少车辆因熄火无法启动，交通陷入瘫痪。

7. 2004 年 11 月 9 日清晨，一场罕见的雷暴袭击北京，7 时至 9 时，北京事故报警 405 起，比前一天同一时段多 92 起，交通拥堵报警 323 起。

8. 2006 年 2 月 6 日，北京漫天飞雪，7 时至 16 时，122 接到事故报警 2300 多起，比平时大约翻了一番。

9. 2006 年 7 月 31 日早，北京大雨倾盆、雷电大作，瞬间风力 6 至 7 级，是京城夏季少见的灾害性天气，部分路段积水导致车辆熄火，又值上班高峰，一时路段拥堵严重，严重影响出行。

10.2006年10月15日凌晨，一场雷雨使广州城区小北路往下塘方向铁路桥涵洞浸水严重，致使一辆小轿车深夜经过此地时不幸身陷泽国。

11.2006年12月21日，北京西二环复兴门桥北侧30 m处，能见度差，7辆车连环追尾，其中一辆出租车受损较重，车上1名女乘客受重伤。

12.2007年1月18日，欧洲西北部地区遭受强烈暴风雨袭击，荷兰鹿特丹港附近的输油管道在暴风中遭损坏，大量石油泄漏，造成欧洲最繁忙的港口航运中断。

13.2007年5月27日，广州暴雨倾盆而至，市区多处严重水浸，岗顶中山一立交至天河立交路段交通一度中断，广园中路能见度只有3 m左右，遭水浸而熄火的小车随处可见，番禺大岗镇兴业路红绿灯处地势低洼，约15辆小车陷落水坑熄火。

14.2007年5月31日，武汉凌晨的一场暴雨致使多处铁路桥涵洞积水，积水最深处达2 m，多辆汽车受淹，一辆卧铺客车被困在东西湖区新沟镇一公路涵洞达5小时；武昌公正路铁路桥涵洞、南湖花园晒湖铁路桥涵洞等交通中断。

15.2007年7月8日，南京的强雷击造成多处市政设施损坏，一道极强雷电击中南京地铁一号线的供电设备，造成奥体站至安德门站区间接触网单向停运1小时37分。

16.2007年7月13日，上海遭受狂风暴雨突袭，不到一个小时，最高降水量达到30 mm，最大风力达到了罕见的9到11级，地铁晚点、公交瘫痪。

17.2007年7月19日，受暴雨影响，济南市城区积水严重，将历山路铁路桥全部淹没。铁路桥地势低，是水流最急、积水量最大的地方，最深处水深达6 m，使多名路人在涵洞中被淹，后经群众全力救助幸免于难。

18.2007年7月27日20时许，武汉突然遭遇大风、雷暴、冰雹同时袭击，城区大面积停电，由于交通信号灯熄灭，武昌部分地区交通堵塞严重。

19.2007年8月1日沈阳突降暴雨，大量雨水涌入地下排水管线，超出承载能力，排水管线与排水井接口处发生爆裂，喷涌出的污水带出地下大量砂土，导致沈阳地铁一号线土建16标段黎明文化宫站站后区间基坑边缘2 m处暴雨后出现塌方，面积40 m^2 左右。

20.2007年8月8日早晨，美国纽约暴雨使地铁、铁路遭水淹，三大机场的航班延迟，数以千计的上班人员被困至少2小时。纽约所有地铁线路都延误或改变路线，一些通往大中央火车站的铁路线和一些从新泽西进入曼哈顿的铁路线关闭超过1小时。

参考文献

陈梅，李平，侯明全，等 .2002. 浅论天气气候对陕西高等级公路的影响 [J] . 陕西气象，(1)：8-9.

程宏林，王才宝 .1996. 江苏内河航运交通事故气象条件分析 [J] . 气象，22 (12)：51-53.

段忠东，周道成，欧进萍 .2003. 渤海和南海海域极值风速的置信区间 . 海洋通报，22 (2)：17-24.

冯宝锐，王元清，石永久 .2007. 低温下铁路钢轨钢材的断口与弹塑性断裂韧性分析 . 低温建筑技术，(3)：29-31.

冯民学，袁成松，卞光辉，等 .2003. 沪宁高速公路无锡段春季浓雾的实时监测和若干特征 [J] . 气象科学，23 (4)：435-445.

戈峰，杨旭，马淑红，等 .2002. 暴雨时程方程在中吉乌铁路（中国段）暴雨估算中的应用 . 新疆气象，25 (6)：7-8.

耿大定，陈传康，杨吾扬，等 . 1978. 论中国公路自然区划 . 地理学报，33 (1)：49-62.

韩树宗，王海龙，郭佩芳 .2003. 利用卫星高度计资料进行多年一遇极值波高推算的方法研究 . 中国海洋大学学报（自然科学版)，33 (5)：657-664.

贺芳芳，房国良，吴建平，等 .2004. 上海地区不良天气条件与交通事故之关系研究 [J] . 应用气象学报，15 (1)：126-128.

李登科，杜继稳 .2005. 沙尘暴监测与预警方法研究 . 北京：气象出版社，153-157.

李湘南，凌玲，李海东 .2000. 汽车废气中铅对沿线农田污染的环境质量评价 . 武汉汽车工业大学学报，22 (6)：37-41.

林良勋，程正泉，张兵，等 .2004. 完全预报（PP）方法在广东冬半年海面强风业务预报中的应用 [J] . 应用气象学报，15 (4)：485-493.

刘聪，黄世成，张忠义，等 .2006a. 青岛海湾大桥工程桥位风速观测及风参数计算 [R] . 南京：江苏省气象科学研究所 .

刘聪，黄世成，朱安祥，等 .2006b. 苏通长江公路大桥设计风速的计算与分析 [J] . 应用气象学报，17 (1)：44-50.

刘聪，张忠义，黄世成 .2004. 桥梁气象专题研究与服务 [J] . 气象科技，32 (6)：397-403.

刘红亚，蒋翠花，张永强，等 .2001. 高速公路施工气象指数的建立 . 气象，27 (5)：51-53.

刘梅，尹东屏，王清楼，等 .2007. 南京地区冬季路面结冰天气标准及其预测 [J] . 气象科学，27 (6)：685-690.

吕达仁，魏重，张健国 .1976. 激光探测能见度的实验研究 . 大气科学，(1)：55-61.

罗慧，李良序，胡胜，等.2007.公路交通事故与气象条件关系及其气象预警模型［J］.应用气象学报，18（3）：350-356.
罗岩，章曙明，王新辉，等.2007.315国道勘察设计中的洪水研究.沙漠与绿洲气象，1（1）：32-35.
美国商业部/国家海洋大气管理局.2002.交通气象信息国家需求评估报告［R］.FCM-R18-2002.Washington，DC.
潘娅英，陈武.2006.引发交通公路事故的气象条件分析［J］.气象科技，34（6）：778-782.
曲海涛，薛波.2002.影响公路路况气象要素分析及路况预报［J］.山东气象，22（3）：41-42.
宋丽莉，毛慧琴，黄浩辉，等.2005.登陆台风近地层湍流特征观测分析.气象学报，63（6）：915-921.
屠其璞，翁笃鸣，武全，等.1978.气候资料超短序列订正方法讨论［J］.南京气象学院学报，1（1）：59-67.
王京太.1994.渤海、黄海偏北大风自动化预报系统［J］.气象，20（3）：37-39.
吴赞平，王宏伟，袁成松，等.2006.沪宁高速公路气象决策支援系统［J］.现代交通技术，（5）：91-94.
项海帆，葛耀君，朱乐乐，等.2005.现代桥梁抗风理论与实践［M］.北京：人民交通出版社.1-5；448-450.
项海帆，林志兴，鲍卫刚，等.1996.公路桥梁抗风设计指南［M］.北京：人民交通出版社，2-18；88-100.
谢静芳，吕得宝，王宝书.2006.高速公路路面摩擦系数气象指数预报方法［J］.气象与环境学报，22（6）：18-21.
徐虹，朱爱荣，张宏，等.1992.高等级公路秋冬季大雾的气候分析和概念模型［J］.陕西气象，（2）：16-18.
徐建芬，狄潇泓，李耀辉.2002.西北地区沙尘暴天气概念模型及分类//陈小光主编.西北重要天气成因及数值预报方法研究.北京：气象出版社，129-136.
薛珩，朱瑞兆，杨振斌，等.2001.中国风能资源贮量估算.太阳能学报，22（2）：167-170.
阎俊岳.1990.海洋波浪谱模式（SOWM）资料的估价及应用.气象科技，18（4）：18-23.
杨忠来.2003.高速公路交通事故成因分析及预防［J］.太原科技，（6）：62-63.
袁成松，梁敬东，焦圣明，等.2007.低能见度浓雾监测、临近预报的实例分析与认识［J］.气象科学，27（6）：661-665.
袁成松，卞光辉，冯民学，等.2003.高速公路上低能见度的监测与预报［J］.气象，29（11）：36-40.
张家诚.1991.中国气候总论［M］.北京：气象出版社，187-206；453-461.
张清.1996.1995年气候对交通系统的影响［J］.灾害学，11（2）：76-79.
赵燕曾，陶丽君，郝南军.1980.激光测斜视能见度的初步实验.大气科学，4（2）：168-175.